COMO EVITAR UM DESASTRE CLIMÁTICO

BILL GATES

Como evitar um desastre climático

As soluções que temos e as inovações necessárias

Tradução
Cássio Arantes Leite

Companhia Das Letras

Grafia atualizada segundo o Acordo Ortográfico da Língua Portuguesa de 1990, que entrou em vigor no Brasil em 2009.

Título original
How to Avoid a Climate Disaster: The Solutions We Have and the Breakthroughs We Need

Capa
John Gall

Preparação
Alexandre Boide

Índice remissivo
Luciano Marchiori

Revisão
Clara Diament
Angela das Neves

Dados Internacionais de Catalogação na Publicação (CIP)
(Câmara Brasileira do Livro, SP, Brasil)

Gates, Bill
Como evitar um desastre climático : as soluções que temos e as inovações necessárias / Bill Gates ; tradução Cássio Arantes Leite. — 1ª ed — São Paulo : Companhia das Letras, 2021.

Título original: How to Avoid a Climate Disaster:
The Solutions We Have and the Breakthroughs We Need
ISBN 978-85-359-3427-4

1. Aquecimento global – Prevenção – Inovações tecnológicas 2. Gases do efeito estufa – Aspectos ambientais 3. Mudanças climáticas – Prevenção – Inovações tecnológicas 4. Política ambiental I. Título.

20-52756 CDD-363.73874

Índice para catálogo sistemático:
1. Mudanças climáticas : Problemas ambientais 363.73874

Cibele Maria Dias – Bibliotecária – CRB-8/9427

[2021]

EDITORA SCHWARCZ S.A.
Rua Bandeira Paulista, 702, cj. 32
04532-002 — São Paulo — SP
Telefone: (11) 3707-3500
www.companhiadasletras.com.br
www.blogdacompanhia.com.br
facebook.com/companhiadasletras
instagram.com/companhiadasletras
twitter.com/cialetras

Para os cientistas, os inovadores e os ativistas
que indicam o caminho

Sumário

Introdução

De 51 bilhões para zero

Há dois números que você precisa ter em mente sobre mudanças climáticas. Um é 51 bilhões. O outro, zero.

Cinquenta e um bilhões são as toneladas de gases de efeito estufa que o mundo lança à atmosfera anualmente. Embora isso possa variar para mais ou para menos a cada ano, de modo geral está subindo. É *onde estamos hoje.**

Zero é *o que devemos almejar*. Para impedir o aquecimento global e evitar os piores efeitos das mudanças climáticas — e eles serão bem ruins —, o ser humano precisa parar de emitir gases de efeito estufa para a atmosfera.

Parece difícil, e será. O mundo nunca fez nada tão ambicioso assim. Todos os países terão de mudar seus hábitos. Praticamente

* O número 51 bilhões de toneladas baseia-se nos dados mais recentes disponíveis. As emissões globais caíram um pouco em 2020 — cerca de 5% — porque a pandemia de covid-19 desacelerou consideravelmente a economia. Mas, como não sabemos o número exato para 2020, usarei 51 bilhões de toneladas como total. Voltaremos ao tema da covid-19 diversas vezes ao longo deste livro.

toda atividade na vida moderna — cultivar coisas, fabricar coisas, deslocar-se de um lugar para outro — envolve a liberação de gases de efeito estufa, e com o passar do tempo cada vez mais pessoas vão levar esse estilo de vida. Por um lado é bom, pois significa que a vida delas está melhorando. Porém, se nada mudar, o mundo seguirá produzindo gases de efeito estufa, as mudanças climáticas continuarão a se agravar e o impacto sobre os seres humanos sem dúvida será catastrófico.

Mas "nada mudar" é apenas uma das possibilidades. Eu acredito que as coisas *possam*, sim, mudar. Já dispomos de parte das ferramentas necessárias, e, quanto às que ainda não temos, tudo o que aprendi sobre clima e tecnologia me deixa otimista de que seremos capazes de inventá-las, empregá-las e, se agirmos rápido o bastante, evitar uma catástrofe climática.

Este livro trata do que é preciso fazer e dos motivos pelos quais acredito que somos capazes de dar conta disso.

Duas décadas atrás, eu jamais teria previsto que algum dia falaria em público sobre mudanças climáticas, muito menos escrever um livro a respeito. Minha história está ligada ao software, não à ciência do clima, e hoje em dia minha ocupação em tempo integral é trabalhar com minha esposa, Melinda, na Fundação Gates, organização focada sobretudo em assistência à saúde e desenvolvimento no plano mundial e em educação nos Estados Unidos.

Meu foco nas mudanças climáticas surgiu de maneira indireta — com a questão da pobreza energética.

No início dos anos 2000, quando nossa fundação dava os primeiros passos, comecei a fazer viagens para países de baixa renda na África subsaariana e no Sul da Ásia para aprender mais sobre mortalidade infantil, HIV e outros grandes problemas nos quais trabalhávamos. Mas minha cabeça nem sempre estava nas doenças. Sobrevoando grandes cidades, eu olhava pela janela e pensava: *Por que é tão escuro ali? Onde estão as luzes que eu veria se estivesse em Nova York, Paris ou Beijing?*

Em Lagos, na Nigéria, passei por ruas escuras onde as pessoas se juntavam em torno de fogueiras acesas em velhos tambores de petróleo. Em aldeias remotas, Melinda e eu conhecemos mulheres jovens e adultas que passavam horas buscando lenha todos os dias para queimar e cozinhar. Vimos crianças que faziam lição à luz de velas porque suas casas não tinham eletricidade.

Fiquei sabendo que cerca de 1 bilhão de pessoas não contava com acesso confiável à eletricidade e que metade delas vivia na África subsaariana. (O quadro melhorou um pouco desde então; hoje, são 860 milhões sem eletricidade.) Eu pensava no lema de nossa fundação — "Todo mundo merece a chance de levar uma vida saudável e produtiva" — e em como é difícil ser saudável se os postos de saúde locais não conseguem conservar as vacinas porque seus refrigeradores não funcionam. Em como é difícil ser produtivo se a pessoa não tem luz para ler. Em como é impossível construir uma economia na qual todos tenham oportunidade de trabalho sem um serviço de fornecimento em grande escala de eletricidade confiável e barata para escritórios, fábricas e call centers.

Nessa mesma época, o cientista David MacKay, professor da Universidade de Cambridge, me mostrou um gráfico com a relação entre renda e uso de energia — a renda per capita de um país e a quantidade de eletricidade utilizada por sua população. O gráfico exibia a renda per capita de vários países em um eixo e o consumo de energia no outro — deixando mais do que óbvio para mim que as duas coisas andam juntas:

Diversas vezes Melinda e eu conhecemos crianças como Ovulube Chinachi, de nove anos, que mora em Lagos, na Nigéria, e faz sua lição de casa à luz de velas.

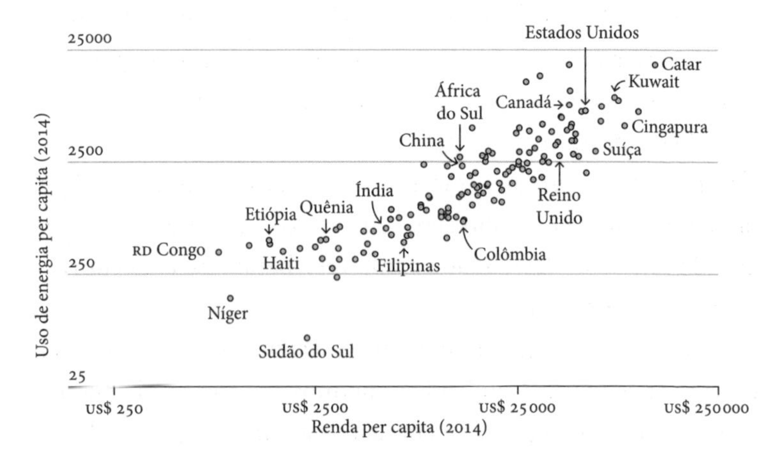

Renda e energia andam de mãos dadas. David MacKay me mostrou um gráfico como este, com a relação entre o consumo de energia e a renda por pessoa. A ligação é evidente. (Agência Internacional de Energia; Banco Mundial)[1]

À medida que absorvia todas essas informações, comecei a pensar em como o mundo poderia produzir energia barata e confiável para a população pobre. Não fazia sentido nossa fundação se comprometer com um problema dessa dimensão — tínhamos de manter o foco em sua missão central —, mas passei a discutir algumas ideias com amigos inventores. Aprofundei-me no assunto, lendo entre outras coisas vários livros elucidativos do cientista e historiador Vaclav Smil, que me ajudaram a compreender exatamente como a energia é essencial para a civilização moderna.

Na época eu não compreendia que precisávamos chegar a zero. Os países ricos, responsáveis pela maioria das emissões, já começavam a prestar atenção na questão das mudanças climáticas, e eu acreditava que isso seria suficiente. Minha contribuição, pensava eu, seria lutar para disponibilizar energia confiável e barata para os pobres.

Uma das razões era que ninguém se beneficiaria disso mais do que essas pessoas. Energia mais barata significaria não apenas luz à noite, mas também fertilizantes mais baratos para a lavoura e cimento mais acessível para as casas. E, em termos de mudanças climáticas, ninguém tem mais a perder do que elas. A maioria da população em situação de pobreza é composta de agricultores que já vivem no limite e não têm condições de suportar novas secas e enchentes.

As coisas mudaram para mim no fim de 2006, quando encontrei dois antigos colegas da Microsoft que criaram organizações sem fins lucrativos voltadas a questões envolvendo energia e clima. Estavam acompanhados de dois cientistas com muita experiência no assunto, e os quatro me mostraram os dados que relacionavam as emissões de gases de efeito estufa às mudanças climáticas.

Eu sabia que os gases de efeito estufa vinham fazendo a temperatura subir, mas presumia que houvesse variações cíclicas ou outros fatores que naturalmente impediriam um desastre climático de fato. E era difícil aceitar que, enquanto os humanos continuassem a emitir esses gases, na quantidade que fosse, os termômetros seguiriam subindo.

Voltamos a nos encontrar várias vezes para dar prosseguimento à conversa. Até que finalmente caiu a ficha. O mundo precisa gerar mais energia para que os pobres possam prosperar, mas sem liberar mais nenhum gás de efeito estufa.

O problema então pareceu ainda mais complicado. Não bastava fornecer energia barata e confiável para os pobres. Ela também tinha de ser limpa.

Continuei a estudar tudo o que podia sobre mudanças climáticas. Encontrei-me com especialistas em clima e energia, agricultura, oceanos, nível do mar, geleiras, linhas de transmissão e muito mais. Li os relatórios produzidos pelo Painel Intergovernamental sobre Mudanças Climáticas (IPCC, na sigla em inglês), a comissão da ONU que estabelece o consenso científico sobre o tema. Assisti a *Earth's Changing Climate*, a fantástica sequência de palestras em vídeo ministradas pelo professor Richard Wolfson e disponibilizadas na série Great Courses. Li *Weather for Dummies* — até hoje um dos melhores livros sobre o tema que encontrei.

Uma das coisas que ficaram claras para mim foi que nossas atuais fontes de energia renovável — eólica e solar, na maior parte — poderiam causar um grande impacto na resolução do problema, mas não estávamos fazendo o suficiente para empregá-las.* Também ficou claro por que, sozinhas, elas não são suficientes

* A energia hidrelétrica — eletricidade gerada pela água ao passar por uma barragem — é outra fonte renovável; na verdade, a principal fonte de energia renovável em uso nos Estados Unidos. Mas já exploramos quase toda a energia hidrelétrica disponível. Não há muita margem para crescimento. A maior parte da energia limpa adicional que queremos terá de vir de outra fonte.

para que cheguemos a zero. O vento nem sempre sopra e o sol nem sempre brilha, e não dispomos de baterias de baixo custo capazes de armazenar quantidades de energia para abastecer uma cidade inteira pelo tempo necessário. Além do mais, a produção de eletricidade representa apenas 27% das emissões totais de gases de efeito estufa. Mesmo que houvesse uma revolução nas baterias, ainda precisaríamos dar um jeito nos outros 73%.

Depois de alguns anos, eu me convenci de três coisas:

1. Para evitar um desastre climático, devemos chegar a zero.
2. Temos de empregar as ferramentas de que já dispomos, como energia solar e eólica, com mais rapidez e inteligência.
3. Precisamos criar e produzir tecnologias revolucionárias capazes de nos conduzir pelo resto da jornada.

Esse número, zero, não é negociável. Se não pararmos de lançar gases de efeito estufa à atmosfera, a temperatura continuará a subir. Eis uma analogia bastante útil: o clima é como uma banheira sendo enchida lentamente. Mesmo se fecharmos um pouco a torneira e deixarmos apenas um fio de água escorrendo, em algum momento a banheira acabará transbordando. Esse é o tipo de desastre do qual temos de nos prevenir. Estabelecer a meta de apenas reduzir as emissões — em lugar de acabar de vez com elas — não será suficiente. A única meta sensata é zero. (Para mais informações a respeito, uma explicação do que quero dizer quando falo em zero e o impacto das mudanças climáticas, ver capítulo 1.)

Na época em que descobri tudo isso, porém, eu não estava à procura de novas causas pelas quais lutar. Melinda e eu havíamos escolhido a assistência à saúde e o desenvolvimento no plano global e a educação nos Estados Unidos por serem duas áreas em que poderíamos aprender muitas coisas, contratar equipes de especialistas e prover recursos. Também percebi que já havia muita gente de renome colocando as mudanças climáticas em pauta.

Assim, apesar de ter me envolvido mais na questão, não fiz dela uma prioridade máxima. Quando podia, eu lia e me reunia com especialistas. Investi em algumas empresas de energia limpa e disponibilizei centenas de milhões de dólares para a criação de uma empresa cujo objetivo era projetar uma usina nuclear de última geração capaz de gerar eletricidade limpa deixando muito pouco resíduo radioativo. Fiz também um TED Talk chamado "Inovando para chegar a zero!". Mas, fora isso, mantive o foco principalmente no meu trabalho com a Fundação Gates.

Então, no primeiro semestre de 2015, decidi que precisava fazer mais e me pronunciar mais. Nos noticiários, eu acompanhava as manifestações de estudantes por todo o país exigindo que as universidades deixassem de investir recursos fornecidos por eles em empresas de combustíveis fósseis. Como parte desse movimento, o *Guardian* lançou uma campanha para pedir que nossa fundação vendesse a pequena parcela de seus fundos que havia sido investida nesse setor. O jornal britânico produziu um vídeo com pessoas do mundo todo pedindo que eu fizesse isso.

Entendi perfeitamente por que o *Guardian* havia se concentrado em nossa fundação e em mim. Também fiquei impressionado com o fervor dos ativistas — eu já tinha visto os estudantes protestando contra a Guerra do Vietnã e, mais tarde, contra o regime do apartheid na África do Sul, e sabia que haviam feito diferença de verdade. Era inspirador que esse tipo de energia estivesse sendo direcionada às mudanças climáticas.

Por outro lado, continuava a pensar no que testemunhara durante minhas viagens. A Índia, por exemplo, tem uma população de 1,4 bilhão de pessoas, grande parte delas entre as mais pobres do mundo. Para mim, não parecia justo dizer aos indianos que seus filhos não poderiam ter luz para estudar, ou que milhares morreriam nas ondas de calor porque instalar aparelhos de ar-condicionado é prejudicial ao ambiente. A única solução que eu podia imaginar era tornar a energia limpa tão barata que o país todo a preferisse aos combustíveis fósseis.

Por mais que apreciasse a paixão dos manifestantes, eu não via como apenas essa mudança de postura impediria as mudanças climáticas ou ajudaria as pessoas nos países pobres. Uma coisa era protestar para combater o apartheid, um regime político que enfrentava enorme pressão econômica (e que mudou graças a ela). Outra bem diferente é transformar o sistema energético mundial — uma indústria de cerca de 5 trilhões de dólares anuais e base da economia moderna — simplesmente se desfazendo de ações de empresas de combustíveis fósseis.

Continuo a pensar assim ainda hoje. Mas percebi que há outros motivos para não investir em empresas de combustíveis fósseis — não quero lucrar se suas ações valorizarem pela falta de alternativas de carbono zero. Eu me sentiria mal se me beneficiasse de um adiamento da meta zero. Portanto, em 2019, encerrei todos os meus investimentos diretos em companhias de gás e petróleo, e orientei a organização que gerencia o orçamento da Fundação Gates a fazer o mesmo. (Eu não investia em companhias de carvão havia muitos anos.)

Trata-se de uma escolha pessoal, e que tenho a sorte de poder fazer. Mas estou absolutamente certo de que não causarei impacto real nas emissões. Chegar a zero exige uma abordagem muito mais ampla: impulsionar uma transformação completa usando todas as ferramentas à nossa disposição, incluindo políticas governamentais, as tecnologias disponíveis, novas invenções e a capacidade da iniciativa privada de fornecer produtos a bilhões de pessoas.

Ainda em 2015 surgiu uma chance de defender a inovação e os novos investimentos: a COP21, uma importantíssima conferência sobre mudanças climáticas que seria realizada pela ONU em Paris entre novembro e dezembro daquele ano. Alguns meses antes da conferência, encontrei-me com François Hollande, o presidente francês na época. Hollande queria fazer com que investidores privados fossem à conferência, e eu esperava introduzir a inovação no debate. Ambos percebemos a oportunidade que isso representava. Ele achava que eu poderia ajudar a trazer a participação de investidores; falei que fazia sentido, mas que seria mais fácil se os governos também se comprometessem a gastar mais com pesquisa em energia.

Não seria necessariamente um peixe fácil de vender. Até o investimento americano na pesquisa energética era (e ainda é) muito inferior ao de outras áreas essenciais, como saúde e defesa. Embora alguns países estivessem pouco a pouco expandindo seus esforços de pesquisa, o patamar continuava muito baixo. E os governantes relutavam em fazer mais, a menos que soubessem que haveria dinheiro suficiente do setor privado para tirar suas ideias do laboratório e transformá-las em produtos que de fato ajudassem as pessoas.

Mas, em 2015, o financiamento privado estava minguando. Inúmeras empresas de capital de risco que haviam investido em tecnologia verde caíram fora da indústria porque o retorno era muito baixo. Estavam acostumadas a investir em biotecnologia e tecnologia da informação, áreas em que o sucesso muitas vezes chega rápido e há menos burocracia governamental. A energia limpa era um departamento completamente diferente, e os investidores estavam pulando fora.

Era evidente que precisávamos de uma nova fonte de financiamento e de outra abordagem, feita sob medida para a energia limpa. Em setembro, dois meses antes do início da conferência de Paris, enviei e-mails para vinte e poucas pessoas ricas que conhecia, esperando convencê-las a complementar verbas públicas de pesquisa com capital privado. Seus investimentos teriam de ser de longo prazo — o desenvolvimento de inovações em energia pode levar décadas — e elas precisariam levar em conta que os riscos eram altos. A fim de evitar os empecilhos com que os antigos investidores haviam se deparado, prometi ajudar a montar uma equipe de especialistas para analisar as empresas e ajudá-las a lidar com complexidades do setor de energia.

A reação foi muito animadora. A primeira resposta positiva chegou em menos de quatro horas. Quando a conferência de Paris teve início, dois meses depois, mais 26 investidores haviam se juntado a nós, e batizamos a empreitada de Breakthrough Energy Coalition. Hoje, a organização conhecida como Breakthrough Energy compreende programas filantrópicos, iniciativas jurídicas e fundos privados que fizeram investimentos em mais de quarenta empresas com ideias promissoras.

Os governos também foram receptivos: vinte chefes de Estado se reuniram em Paris e se comprometeram a dobrar as verbas para pesquisa. Os presidentes Hollande e Barack Obama e o primeiro-ministro indiano Narendra Modi foram peças fundamentais nisso tudo — Modi foi inclusive o responsável por nomeá-la: Mission Innovation. Hoje, a Mission Innovation inclui 24 países e, em parceria com a Comissão Europeia, tem liberado 4,6 bilhões de dólares anuais em novas verbas para pesquisa de energia limpa, aumento de mais de 50% em menos de cinco anos.

Lançando a Mission Innovation com governantes internacionais na conferência do clima de 2015 das Nações Unidas em Paris. (Ver p. 273 para os nomes dos fotografados.)[2]

A próxima reviravolta nessa história será sinistramente familiar para todos que leem este livro.

Em 2020, o desastre chegou quando um novo coronavírus se espalhou pelo mundo. Para qualquer um que conheça a história das pandemias, a devastação causada pela covid-19 não foi uma surpresa. Eu estudava surtos de doenças havia anos como parte de meu interesse em iniciativas globais de saúde e ficara preocupadíssimo, já que o mundo não estava pronto para lidar com uma pandemia como a gripe de 1918, que matou dezenas de milhões de pessoas. Em 2015, fiz um TED Talk e dei diversas entrevistas em que defendia a criação de um sistema de detecção e resposta para grandes surtos de doença. Outros, como o ex-presidente americano George W. Bush, já haviam feito advertências similares.

Infelizmente, o mundo fez pouca coisa para se preparar, e, quando o novo coronavírus apareceu, causou numerosas mortes e um sofrimento econômico que não víamos desde a Grande Depressão. Embora concentrássemos a maior parte de nossos esforços nas mudanças climáticas, Melinda e eu fizemos da covid-19 a prioridade número um da Fundação Gates e o foco principal de nosso próprio trabalho. Todos os dias, eu conversava com cientistas em universidades e pequenas empresas, com CEOs de companhias farmacêuticas ou com governantes para ver como a fundação poderia ajudar a acelerar a produção de testes, tratamentos e vacinas. Em novembro de 2020, já havíamos empenhado fundos de mais de 445 milhões de dólares no combate à doença, além de outras centenas de milhões, obtidas através de diversos investimentos, para levar com rapidez vacinas, testes e outros produtos essenciais a países de baixa renda.

Como a atividade econômica desacelerou muito, o mundo emitirá menos gases de efeito estufa em 2020 do que no ano anterior. Conforme mencionei antes, a redução provavelmente será da ordem de 5%. Em termos reais, significa que liberaremos o equivalente a 48 bilhões ou 49 bilhões de toneladas de carbono, em vez de 51 bilhões.

É uma redução significativa, e estaríamos em ótima situação se conseguíssemos prosseguir nesse ritmo todo ano. Infelizmente, não é possível.

Consideremos o que foi preciso para chegar a essa redução de 5%. Um milhão de pessoas morreram e dezenas de milhões ficaram sem trabalho. No mínimo, não é uma situação que alguém gostaria que continuasse ou se repetisse. E, no entanto, as emissões de gases de efeito estufa no mundo devem ter caído apenas 5%, possivelmente menos que isso. O extraordinário, a meu ver, não é como as emissões diminuíram devido à pandemia, mas como a queda foi pequena.

Essa diminuição pouco considerável é uma prova de que não conseguiremos chegar a emissões zero apenas — ou sobretudo — andando menos de avião e carro. Assim como foram necessários novos testes, tratamentos e vacinas para o novo coronavírus, precisamos de novas ferramentas para combater as mudanças climáticas: maneiras carbono zero de produzir eletricidade, fabricar coisas, cultivar alimentos, refrigerar e aquecer nossos edifícios e transportar pessoas e produtos pelo mundo. E precisamos de novas sementes e outras inovações para ajudar os mais pobres — muitos deles pequenos agricultores — a se adaptar ao clima mais quente.

Claro que existem ainda outros obstáculos, sem nenhuma relação com ciência ou financiamento. Nos Estados Unidos, principalmente, o debate sobre mudanças climáticas foi desvirtuado pela política. Há momentos em que parece haver pouca esperança de fazermos algo efetivo a respeito.

Minha mentalidade é mais de engenheiro, e não de cientista político, e não tenho uma solução para as questões ideológicas em torno das mudanças climáticas. Em vez disso, o que espero fazer é concentrar a discussão no que é necessário para chegarmos a zero: precisamos canalizar o empenho e o QI científico do mundo todo no emprego das soluções de energia limpa de que dispomos hoje e inventar novas soluções, parando de lançar gases de efeito estufa na atmosfera.

Tenho consciência de que não sou o mensageiro ideal para o combate às mudanças climáticas. O que não falta no mundo hoje é gente rica com ideias grandiosas sobre o que os outros deveriam fazer ou que acreditam que a tecnologia pode consertar qualquer problema. Sou proprietário de casas enormes e viajo em jatinhos particulares — inclusive, tomei um para a conferência do clima —, portanto quem sou eu para puxar a orelha de quem quer que seja em relação ao ambiente?

Confesso-me culpado das três acusações.

Não posso negar que sou mais um ricaço cheio de opiniões. Mas acredito que minhas opiniões são bem embasadas e sempre tento aprender mais.

Além disso, sou um tecnófilo. Diante de um problema, vou atrás da tecnologia para consertá-lo. Quando a questão são as mudanças climáticas, sei que inovação não é a única coisa de que precisamos. Mas não podemos manter a Terra habitável sem isso. Apenas as soluções tecnológicas não bastam, mas elas são necessárias.

Por fim, é verdade que minha pegada de carbono é absurdamente alta. Por muito tempo, me senti culpado por isso. Sempre soube que minhas emissões eram enormes, mas trabalhar neste livro me deixou ainda mais consciente de minha responsabilidade em reduzi-las. Diminuir minha pegada de carbono é o mínimo a se esperar de alguém numa posição como a minha que se preocupa com as mudanças climáticas e vem a público para exigir que algo seja feito.

Em 2020, comecei a adquirir combustível sustentável de aviação com a finalidade de amortizar totalmente em 2021 as emissões da minha família nesse quesito. Com relação aos outros tipos de emissões, estou comprando compensações de carbono de uma empresa que remove dióxido de carbono do ar (você pode saber mais sobre essa tecnologia, chamada de captura direta do ar, no capítulo 4, "Como ligamos as coisas na tomada"). Além disso, também apoio uma organização sem fins lucrativos que instala energia limpa em conjuntos habitacionais de baixa renda em Chicago. E continuarei a procurar outras maneiras de reduzir minha pegada de carbono.

Também invisto em tecnologias de carbono zero. Gosto de pensar nelas como outra espécie de compensação para minhas emissões. Já investi mais de 1 bilhão de dólares em propostas que espero que ajudem o mundo a chegar a zero, incluindo energia limpa barata e confiável e cimento, aço, carne e outros produtos e serviços de baixas emissões. E não conheço ninguém que faça maiores investimentos em tecnologias para captura direta do ar.

Claro que investir nessas empresas não reduziu minha pegada de carbono. Mas, se escolhi alguma empresa bem-sucedida nisso, ela removerá muito mais carbono do que eu ou minha família somos responsáveis por gerar. Além do mais, o objetivo não é simplesmente fazer com que cidadãos compensem suas emissões de forma isolada; é evitar um desastre climático. Sendo assim, apoio as pesquisas embrionárias de energia limpa, invisto em empresas de energia limpa promissoras, defendo políticas que deem origem a grandes inovações no mundo e incentivo outras pessoas que disponham de recursos a fazer o mesmo.

Eis o ponto principal: embora grandes emissores individuais como eu devêssemos usar menos energia, o mundo em geral precisa usar *mais* dos produtos e serviços que a energia pode oferecer. Não há nada de errado em usar mais energia, desde que seja livre de carbono. A chave para lidarmos com as mudanças climáticas é tornar a energia limpa tão barata e confiável quanto a obtida a partir de combustíveis fósseis. Tenho me empenhado bastante naquilo que acredito que nos conduzirá a esse ponto e fará uma diferença significativa para passarmos de 51 bilhões de toneladas por ano para zero.

Este livro sugere um caminho a seguir, uma série de passos que podemos dar para aumentar tanto quanto possível nossa chance de evitar um desastre climático. Ele se divide em cinco partes:

Por que zero? No capítulo 1, explicarei mais sobre o motivo por que precisamos chegar a zero, incluindo o que sabemos (ou não) sobre como as temperaturas em elevação afetarão as pessoas no mundo todo.

A má notícia: chegar a zero será realmente difícil. Como qualquer plano para conseguir alguma coisa começa com uma avaliação realista dos obstáculos no caminho, o capítulo 2 leva em consideração esses desafios.

Como ter uma conversa bem embasada sobre mudanças climáticas? No capítulo 3, comentarei algumas estatísticas confusas que você pode ter visto por aí, bem como certas questões que tenho em mente sempre que converso sobre o assunto. Já perdi a conta de quantas vezes elas me pouparam de cometer erros, e espero que façam o mesmo por você.

A boa notícia: é possível conseguir. Nos capítulos 4 a 9, detalharei as áreas em que a tecnologia atual pode nos ajudar e aquelas nas quais precisamos de inovações. Será a parte mais longa do livro, pois o assunto é vasto. Algumas soluções precisam ser empregadas em larga escala imediatamente, e também temos de desenvolver e disseminar pelo mundo *um monte* de inovações nas próximas décadas.

Embora eu apresente algumas tecnologias que considero especialmente animadoras, não cito o nome de nenhuma empresa específica. Um dos motivos para isso é porque invisto em algumas delas e não quero dar a impressão de favorecer empresas nas quais tenha um interesse financeiro. O mais importante, porém, é que quero me concentrar em ideias e inovações, não nos negócios em si. Algumas dessas empresas podem falir nos próximos anos; isso é natural quando lidamos com trabalho de última geração, embora não necessariamente seja um sinal de fracasso. O principal é aprender com as falhas e incorporar as lições ao próximo capital de risco investido, como fizemos na Microsoft e como todo inovador que eu conheço também faz.

Medidas que podemos tomar de imediato. Escrevi este livro porque além de enxergar o problema das mudanças climáticas vejo também a oportunidade de solucioná-lo. Não se trata de mero otimismo fantasioso: já contamos com dois dos três fatores necessários para a realização de qualquer tarefa de grande monta. Primeiro, temos a ambição, graças ao empenho de um movimento global cada vez maior liderado por jovens profundamente preocupados com o assunto. Segundo, temos grandes metas para resolver o problema, à medida que cada vez mais governantes em níveis nacional e local pelo mundo se comprometem a fazer sua parte.

Agora precisamos do terceiro componente: um plano concreto para atingir nossos objetivos.

Assim como nossas ambições foram motivadas por uma valorização da ciência climática, qualquer plano prático para reduzir emissões tem de ser impulsionado por outras disciplinas: física, química, biologia, engenharia, ciência política, economia, finanças e mais. Portanto, nos capítulos finais deste livro, proporei um plano baseado nos conselhos que recebi de especialistas em todas essas áreas. Nos capítulos 10 e 11, vou me concentrar em políticas que os governos podem adotar e, no capítulo 12, sugerir os passos que cada um pode dar para ajudar o mundo a chegar a zero. Não importa se você é um chefe de governo, um empresário ou um cidadão ocupado com pouquíssimo tempo livre (ou todas as anteriores), sempre existem coisas que pode fazer para ajudar a evitar um desastre climático.

Então, é isso. Agora vamos lá.

1. Por que zero?

O motivo para precisarmos chegar a zero é simples. Os gases de efeito estufa retêm o calor, fazendo subir a temperatura média da superfície terrestre. Quanto maior a quantidade de gases, mais a temperatura sobe. E, uma vez na atmosfera, os gases de efeito estufa permanecem ali por muito tempo — cerca de um quinto do dióxido de carbono emitido hoje continuará no ar daqui a 10 mil anos.

Não existe um cenário hipotético em que continuamos lançando carbono na atmosfera e o mundo para de se aquecer — e quanto mais quente fica, mais difícil será para os humanos sobreviver, que dirá então prosperar. Não sabemos mensurar exatamente o tamanho do dano causado por determinado aumento na temperatura, mas temos todos os motivos para ficar preocupados. E, como os gases de efeito estufa permanecem na atmosfera por tanto tempo, o planeta continuará quente por muitos anos mesmo depois de chegarmos a zero.

Admito que uso "zero" de forma imprecisa e devo deixar claro o que quero dizer. No período pré-industrial — antes de meados do século XVIII, mais ou menos —, o ciclo do carbono na Terra estava provavelmente em relativo equilíbrio; ou seja, as plantas e outras coisas absorviam a mesma quantidade de dióxido de carbono que emitiam.

Mas então começamos a queimar combustíveis fósseis. Esses combustíveis são feitos do carbono armazenado no solo pelas plantas que morreram há muitas eras e foram comprimidas durante milhões de anos até virar petróleo, carvão ou gás natural. Quando escavamos e queimamos esses combustíveis, emitimos carbono extra e o adicionamos à quantidade total existente na atmosfera.

Não existe uma solução realista para chegar a emissões zero que implique abandonar esses combustíveis por completo ou interromper todas as demais atividades que também produzem gases de efeito estufa (como a fabricação de cimento, o uso de fertilizantes ou os vazamentos de metano nas usinas elétricas a gás natural). Em vez disso, é muito provável que, em um futuro de carbono zero, continuaremos a gerar algumas emissões, mas contaremos com maneiras de remover o carbono gerado por elas.

Em outras palavras, "chegar a zero" não significa "zero" de fato. Significa "quase zero líquido". Não é uma questão de tudo ou nada, em que só ficaremos bem se conseguirmos uma redução de 100% ou presenciaremos um desastre caso essa redução seja de apenas 99%. Mas, quanto maior a redução, maior o benefício.

Uma queda de 50% nas emissões não deteria o aumento da temperatura; apenas retardaria um pouco mais as coisas, de certa forma postergando, mas não prevenindo uma catástrofe climática.

E vamos supor que haja uma redução de 99%. Que países e setores da economia poderiam usar o 1% restante? Como tomar essa decisão?

Na verdade, para evitar os piores cenários climáticos, em algum momento não apenas precisaremos parar de lançar mais gases, como também teremos de começar a remover parte dos que já emitimos. Você talvez já tenha ouvido falar no assunto como "emissões negativas líquidas". Significa simplesmente que, um dia, teremos de eliminar mais gases de efeito estufa da atmosfera do que acrescentamos, de modo a conseguir limitar o aumento de temperatura. Voltando à analogia da banheira da introdução: não vamos só fechar a torneira, mas também abrir o ralo e deixar que a água vá embora.

Imagino que este capítulo não seja o primeiro lugar em que você lê sobre os riscos de não conseguirmos chegar a zero. Afinal, as mudanças climáticas estão no noticiário praticamente todo dia, como não poderia deixar de ser: trata-se de um problema urgente que merece todas as manchetes que recebe. Mas a cobertura às vezes é confusa e até contraditória.

Neste livro, tentarei eliminar o ruído. Ao longo dos anos, tive oportunidade de aprender com alguns dos principais cientistas de energia e de clima. O diálogo é incessante, porque a compreensão desses pesquisadores está sempre avançando à medida que incorporam novos dados e aperfeiçoam os modelos computacionais utilizados para prever diferentes cenários. Mas descobri que isso é de enorme ajuda para discernir o que é provável e o que é possível mas improvável, e me convenci de que a única maneira de evitar resultados desastrosos é chegar a zero. Neste capítulo, quero transmitir algumas coisas que aprendi.

UM POUCO JÁ É MUITO

Fiquei surpreso quando descobri que aquilo que parecia ser um pequeno aumento na temperatura global — apenas 1°C ou 2°C — poderia na verdade causar grandes problemas. Mas é verdade: em termos de clima, uma mudança de apenas alguns graus significa muita coisa. Durante a última era do gelo, a temperatura média era apenas 6ºC mais baixa do que hoje. Na época dos dinossauros, quando a temperatura média era cerca de 4ºC mais elevada do que hoje, havia crocodilos habitando acima do Círculo Polar Ártico.

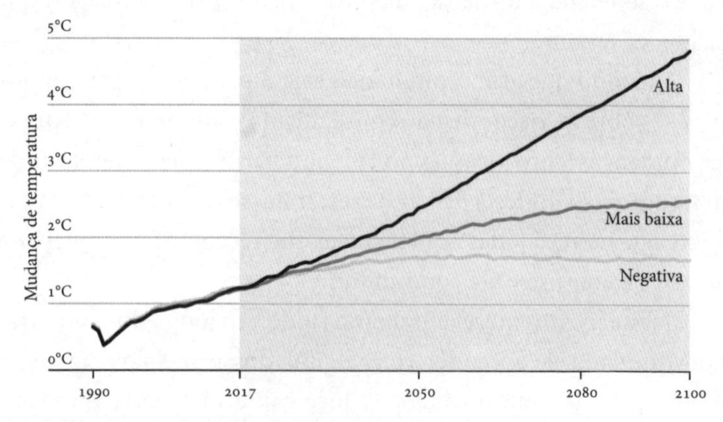

Três linhas que você precisa conhecer. Essas linhas mostram quanto a temperatura pode subir no futuro se as emissões aumentarem muito (a linha mais alta), se aumentarem menos (mais baixa) e se começarmos a remover mais do que emitimos (negativa). (KNMI Climate Explorer)[1]

Também é importante lembrar que essas médias podem ocultar um leque bem grande de temperaturas. Ainda que a média global tenha subido apenas 1ºC desde os tempos pré-industriais, alguns lugares já começaram a conviver com aumentos de temperatura de mais de 2ºC. E essas regiões abrigam de 20% a 40% da população mundial.

Por que alguns lugares ficam mais quentes do que outros? No interior de alguns continentes, o solo é mais seco, ou seja, a terra não resfria tanto quanto no passado. Basicamente, os continentes já não estão transpirando tanto quanto antes.

Então o que um planeta em aquecimento tem a ver com emissões de gases de efeito estufa? Vamos começar pelo básico. Dióxido de carbono é o gás de efeito estufa mais comum, mas há vários outros, como o óxido nitroso e o metano. O óxido nitroso — também conhecido como gás do riso ou hilariante — costuma ser usado como sedativo por dentistas, e o metano é o principal ingrediente do gás natural que você utiliza em seu fogão ou aquecedor de água. Em termos relativos, muitos desses outros gases causam mais aquecimento do que o dióxido de carbono — no caso do metano, 120 mais vezes aquecimento assim que chega à atmosfera. Mas o metano não permanece no ar por tanto tempo quanto o dióxido de carbono.

Para simplificar as coisas, a maioria dos pesquisadores combina os diferentes gases de efeito estufa numa medida única conhecida como "dióxido de carbono equivalente". (O termo costuma ser abreviado como CO_2e.) Usamos o dióxido de carbono equivalente para explicar o fato de que alguns gases retêm mais calor do que o dióxido de carbono, mas ficam no ar por menos tempo. Infelizmente, trata-se de uma medida imperfeita; em última análise, o que de fato interessa não é a quantidade de emissões de gases de efeito estufa, e sim as temperaturas mais elevadas e seu impacto sobre os seres humanos. E, nesse quesito, um gás como o metano é muito pior do que o dióxido de carbono. Ele faz a temperatura subir de imediato, e bastante. Quando usamos o dióxido de carbono equivalente, deixamos de contabilizar como se deve esse importante efeito de curto prazo.

Apesar disso, ele é o melhor método de que dispomos para a contagem das emissões e aparece com frequência em discussões sobre as mudanças climáticas, então vou usá-lo neste livro. Os 51 bilhões de toneladas que insisto em mencionar são as emissões anuais mundiais de dióxido de carbono equivalente. Em outra fonte você pode encontrar números como 37 bilhões

— isso é apenas o dióxido de carbono, sem os demais gases de efeito estufa — ou 10 bilhões, que é apenas a quantidade de carbono propriamente dito. Para variar um pouco, e porque ler "gases de efeito estufa" tantas vezes torna a leitura cansativa, às vezes uso "carbono" como sinônimo de dióxido de carbono e demais gases.

As emissões de gases de efeito estufa aumentaram drasticamente na década de 1850 por causa da atividade humana, como a queima de combustíveis fósseis. Observe os gráficos da página 34. À esquerda, é possível ver como nossas emissões de dióxido de carbono cresceram a partir de 1805 e, à direita, como a média da temperatura global subiu.

Como os gases de efeito estufa causam aquecimento? A resposta sucinta: eles absorvem calor e o retêm na atmosfera. Funcionam como uma estufa — daí o nome.

Nós podemos inclusive ver o efeito estufa em ação numa escala muito diferente sempre que paramos o carro sob o sol: o para-brisa permite a entrada da luz solar, depois retém parte dessa energia. Por isso, o interior do veículo fica muito mais quente do que a temperatura externa.

Mas essa explicação apenas levanta mais questionamentos. Como o calor do Sol consegue atravessar os gases de efeito estufa e chegar à Terra, mas depois fica retido por esses mesmos gases em nossa atmosfera? O dióxido de carbono funciona como um espelho gigante de uma só face? E se o dióxido de carbono e o metano aprisionam calor, por que não o oxigênio?

As respostas exigem alguns conhecimentos de química e física. Como você deve se lembrar de seus tempos de escola, todas as moléculas vibram; quanto mais rápido vibram, mais quente ficam. Quando certos tipos de moléculas são atingidos pela radiação em determinados comprimentos de onda, bloqueiam a radiação, absorvem sua energia e vibram mais rápido.

Mas nem toda radiação está no comprimento de onda correto para causar esse efeito. A luz do Sol, por exemplo, passa diretamente pela maioria dos gases de efeito estufa sem ser absorvida. A maior parte chega à Terra e aquece o planeta, como tem sido há eras.

A questão é a seguinte: a Terra não segura toda essa energia para sempre; se fizesse isso, o planeta já teria uma temperatura insuportável. Portanto, parte da energia é irradiada de volta para o espaço — e parte dessa energia é emitida justo na faixa de comprimentos de onda absorvida pelos gases de efeito estufa. Em vez de seguir inócua para o vácuo, ela atinge as moléculas da estufa e as faz vibrar mais rápido, aquecendo a atmosfera. (A propósito, devemos ser gratos pelo efeito estufa; sem ele, o planeta seria frio demais para nós. O problema é que todo esse volume extra de emissões está potencializando esse fenômeno em um nível excessivo.)

E por que nem todo gás age dessa maneira? Porque moléculas com duas cópias do mesmo átomo — por exemplo, moléculas de nitrogênio ou oxigênio — deixam a radiação passar direto por elas. Apenas moléculas compostas por diferentes átomos, como as de dióxido de carbono e metano, têm a estrutura certa para absorver radiação e começar a aquecer.

Portanto, essa é a primeira parte da resposta à pergunta de "por que temos de chegar a zero?" — porque cada pequena quantidade de carbono que lançamos na atmosfera contribui para o efeito estufa. Da física ninguém escapa.

A parte seguinte da resposta envolve o impacto que todos os gases de efeito estufa exercem sobre o clima e sobre nós.

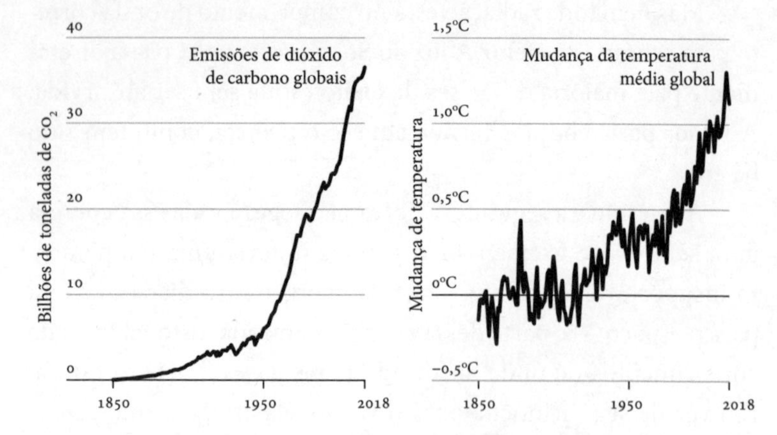

As emissões de dióxido de carbono estão aumentando, assim como a temperatura global. À esquerda vemos como nossas emissões de dióxido de carbono dos processos industriais e da queima de combustíveis fósseis subiram a partir de 1850. À direita, vemos como a temperatura média global está subindo junto com as emissões. (Global Carbon Budget 2019; Berkeley Earth)[2]

O QUE SABEMOS E O QUE NÃO SABEMOS

Os cientistas ainda têm muito a aprender sobre como e por que o clima está mudando. Os relatórios do IPCC admitem abertamente alguma incerteza sobre quanto e com que velocidade a temperatura vai subir, por exemplo, e qual será o efeito exato dessas temperaturas mais elevadas.

Um dos problemas é que os modelos de computador estão longe da perfeição. A complexidade do clima é extraordinária, e há muita coisa que não compreendemos direito, desde a maneira como as nuvens afetam o aquecimento até o impacto de todo esse calor extra nos ecossistemas. Os pesquisadores estão identificando essas lacunas e tentando preenchê-las.

Mas há também muita coisa que os cientistas sabem, e portanto podem afirmar com confiança o que acontecerá se não chegarmos a zero. Eis alguns pontos fundamentais.

A Terra está esquentando por causa da atividade humana, e o impacto já é ruim e ficará bem pior. Temos todos os motivos para crer que em algum momento as consequências serão catastróficas. Esse momento chegará em trinta anos? Cinquenta? Não sabemos ao certo. Mas, considerando como o problema será difícil de resolver, mesmo que o pior momento seja daqui a cinquenta anos, precisamos agir desde já.

Já elevamos a temperatura em pelo menos 1ºC desde o período pré-industrial e, se não reduzirmos as emissões, provavelmente teremos um aquecimento de 1,5ºC a 3ºC até meados deste século, e entre 4ºC e 8ºC até o fim dele.

Todo esse calor extra causará várias alterações no clima. Antes de explicar o que está por vir, preciso mencionar um porém: embora seja possível prever o curso das tendências mais gerais, como "haverá mais dias quentes" e "o nível do mar vai subir", não podemos atribuir com certeza às mudanças climáticas a culpa por nenhum evento em particular. Por exemplo, quando ocorre uma onda de calor, não sabemos dizer se foi causada apenas pelas mudanças climáticas em curso. Mas podemos determinar até que ponto isso aumentou as chances de que essa onda de calor acontecesse. No caso de furacões, não está claro se os oceanos mais quentes estão provocando um aumento na quantidade de tempestades, mas há cada vez mais evidências de que a mudança climática está intensificando a condensação das tempestades e aumentando a frequência com que ocorrem as mais intensas. Também não sabemos se ou em que medida esses eventos extremos vão interagir uns com os outros para produzir efeitos ainda mais graves.

O que mais sabemos?

Para começar, haverá mais dias muito quentes. Eu poderia citar estatísticas de cidades por todos os Estados Unidos, mas vou pegar Albuquerque, no Novo México, porque tenho uma ligação especial com o lugar: foi onde Paul Allen e eu fundamos a Microsoft, em 1975. (Micro-Soft, para ser mais preciso — alguns anos mais tarde, tivemos o bom senso de eliminar o hífen e usar *s* minúsculo.) Em meados dos anos 1970, quando começamos a empresa, a temperatura em Albuquerque ficava acima dos 32°C cerca de 36 vezes ao ano, em média. Em meados do século, os termômetros da cidade passarão dos 32°C no mínimo o dobro disso a cada ano. No fim do século, a cidade pode atingir essas temperaturas por até 114 dias. Em outras palavras, os dias de muito calor passarão do equivalente a um mês por ano a três meses.

Nem todos sofrerão da mesma forma com dias mais quentes e úmidos. Por exemplo, a área de Seattle, onde Paul e eu nos mudamos com a Microsoft em 1979, deve permanecer relativamente ilesa. Poderemos passar dos 32°C em pelo menos catorze dias por ano mais adiante neste século, em comparação a uma média de apenas um ou dois dias por ano nos anos 1970. E alguns lugares na verdade se beneficiariam de um clima mais quente. Em regiões frias, por exemplo, menos gente morrerá de hipotermia e gripe e menos dinheiro será gasto no sistema de aquecimento de casas e comércios.

Mas a tendência geral com um clima mais quente é de termos problemas. E todo esse calor extra possui efeitos colaterais; por exemplo, significa que as tempestades têm se agravado. Os cientistas ainda estão debatendo se elas acontecem com mais frequência por causa do calor, porém de modo geral é possível notar que as tempestades parecem estar se tornando mais destrutivas. Sabemos que, com o aumento da temperatura média, mais água evapora da superfície terrestre. O vapor de água é um gás de efeito estufa, mas, ao contrário do dióxido de carbono ou do metano, não permanece no ar por muito tempo. Em algum momento, volta para a superfície como chuva ou neve. Conforme o vapor de água se condensa para formar a chuva, libera uma quantidade imensa de energia, como todo mundo que já presenciou uma grande tempestade sabe.

Até mesmo a tempestade mais forte normalmente dura apenas alguns dias, mas seu impacto pode reverberar por anos. Há a perda de vidas, uma tragédia que por si só pode deixar os sobreviventes desolados e, com frequência, desamparados. Furacões e inundações também destroem prédios, estradas e linhas de transmissão de energia que levaram anos para ser construídos. As coisas materiais são substituíveis, claro, mas isso demanda tempo e dinheiro que poderiam ser investidos em novas formas de ajudar a economia a crescer. Ficamos sempre tentando voltar ao ponto onde estávamos, em vez de ir em frente. Um estudo estimou que o furacão María, em 2017, fez a infraestrutura de Porto Rico retroceder mais de duas décadas.[3] Quanto tempo levará para a próxima tempestade chegar e fazer tudo regredir outra vez? Não sabemos.

Segundo um estudo, o furacão María fez a rede elétrica e outras infraestruturas de Porto Rico regredirem algumas décadas.

Essas tempestades mais fortes estão criando uma estranha situação de oito ou oitenta: embora chova mais em alguns lugares, outros sofrem com secas mais frequentes e severas. O ar mais quente pode reter mais umidade, e à medida que se aquece torna-se mais seco, sugando mais água do solo. Perto do fim do século, os solos no sudoeste dos Estados Unidos terão entre 10% e 20% a menos de umidade, e a chance de haver seca na região vai subir no mínimo 20%. As secas também ameaçarão o rio Colorado, que fornece água potável para cerca de 40 milhões de pessoas e irrigação para mais de um sétimo de toda a lavoura americana.

Um clima mais quente significa incêndios florestais mais frequentes e destrutivos. O ar aquecido absorve a umidade de plantas e do solo, deixando tudo mais propenso a queimar. Há muita variação pelo mundo afora, pois as condições mudam demais de um lugar para outro. Mas a Califórnia é um exemplo grave do que está acontecendo. Os incêndios florestais ocorrem com frequência cinco vezes maior do que na década de 1970, em larga medida porque a temporada de incêndios está se estendendo e as florestas de lá agora contêm muito mais madeira seca propensa a queimar. Segundo o governo americano, metade desse aumento se deve a mudanças climáticas, e em meados do século os Estados Unidos podem enfrentar o dobro da destruição por incêndios florestais.[4]

Outro efeito do aumento do calor é que o nível do mar vai subir. Isso ocorre em parte por causa do derretimento do gelo polar, mas também porque a água se expande conforme esquenta. (O metal faz a mesma coisa, e é por isso que você pode afrouxar um anel que ficou preso em seu dedo colocando a mão sob a água quente.) Embora o aumento médio global no nível do mar — alguns poucos metros até 2100, provavelmente — talvez não pareça muito grande, a elevação do nível oceânico afetará alguns lugares mais do que outros: é óbvio que as áreas costeiras estão ameaçadas, mas cidades situadas em terreno particularmente poroso também. Em Miami, a água do mar já vem subindo pelas galerias pluviais mesmo quando não chove — fenômeno chamado de inundação de clima seco —, e a situação não vai melhorar. No cenário moderado do IPCC, por volta de 2100 o nível do mar ao redor de Miami subirá cerca de meio metro. E algumas partes da cidade estão cedendo — afundando, sobretudo —, o que pode adicionar mais alguns centímetros de água a essa conta.

A elevação oceânica será ainda pior para as populações mais carentes do mundo. Bangladesh, uma nação pobre que tem feito algum progresso no combate à pobreza, é um exemplo excelente. Sempre assolado pelo clima severo e com centenas de quilômetros de litoral na baía de Bengala, a maior parte do território do país fica em deltas de rio baixos e propensos a enchentes, além de sofrer com chuvas pesadas todo ano. Mas a mudança climática está agravando a situação. Com os ciclones, as ressacas e as cheias de rios, hoje é comum que 20% a 30% de Bangladesh fique embaixo d'água, destruindo lavouras e casas e matando pessoas por todo o país.

Por fim, com o calor e o excesso de dióxido de carbono que o causa, plantas e animais também serão afetados. Segundo pesquisa do IPCC, um aumento de 2°C diminuiria o território geográfico de vertebrados em 8%, de plantas em 16% e de insetos em 18%.[5]

Quanto a nossos alimentos, o cenário tem pontos positivos e negativos, embora esteja mais para sombrio. Por um lado, trigo e muitas outras plantas crescem mais rápido e necessitam de menos água quando há grande quantidade de carbono no ar. Por outro, o milho, o principal cultivo dos Estados Unidos, é especialmente sensível ao calor e gera ao país uma receita 50 bilhões de dólares anuais.[6] Só em Iowa, mais de 5 milhões de hectares de terra são ocupados por milharais.[7]

Há um amplo leque de possibilidades mundo afora para o modo como a mudança climática afetaria a quantidade de alimento obtida por hectare de cultivo. Em algumas regiões mais setentrionais, a produção poderia crescer, mas na maioria dos lugares vai diminuir, desde alguns pontos percentuais até 50%. As mudanças climáticas poderiam reduzir a safra do trigo e do milho na Europa pela metade até meados do século. Na África subsaariana, os agricultores poderão ver a temporada de cultivo encolher em 20%, com milhões de hectares de terra substancialmente mais secos. Em comunidades pobres, onde muitos já gastam mais da metade de sua renda em comida, os preços dos alimentos poderiam subir 20% ou mais. Secas extremas na China — cujo sistema agrícola fornece trigo, arroz e milho para um quinto da população do planeta — poderiam dar início a uma crise alimentar regional ou até mundial.

O calor mais forte não será bom para os animais que nos servem de alimento e nos fornecem leite; eles se tornarão menos produtivos e mais propensos a morrer cedo, o que por sua vez encarecerá a carne, os ovos e os laticínios. As comunidades que dependem de frutos do mar também enfrentarão problemas, pois os oceanos estão não só ficando mais quentes, como também se bifurcando — gerando algumas regiões com mais oxigênio na água e outras com menos. Como consequência, peixes e outras criaturas marinhas estão se deslocando para águas diferentes, ou simplesmente morrendo. Se a temperatura subir 2°C, os recifes de coral podem desaparecer por completo, destruindo a principal fonte de alimento de mais de 1 bilhão de pessoas.

QUANDO CHOVE, É UM DILÚVIO

Você pode achar que a diferença entre 1,5°C e 2°C não é muita coisa, mas os cientistas do clima fizeram simulações levando em conta os dois cenários, e as perspectivas não são nada boas.

Em muitos aspectos, uma elevação de 2ºC não seria simplesmente 33% pior do que 1,5ºC — pode ser 100% pior. O dobro de pessoas teria dificuldade de obter água limpa. A produção de milho nos trópicos cairia pela metade.

Qualquer uma dessas consequências já será bastante ruim. Mas não são apenas os dias quentes ou as enchentes que vão causar sofrimento às pessoas. Não é assim que o clima funciona. Os efeitos das mudanças climáticas são uma somatória, vão se acumulando.

À medida que o clima se tornar mais quente, por exemplo, os mosquitos começarão a viver em novos lugares (eles gostam de umidade e se mudarão de áreas que secaram para as que ficaram mais úmidas), e teremos casos de malária e outras doenças transmitidas por insetos em lugares onde nunca apareceram antes.

A insolação será outro grande problema, e está ligada, quem diria, à umidade. O ar pode conter apenas certa quantidade de vapor de água e, em determinado momento, chega ao limite, ficando tão saturado a ponto de não conseguir absorver mais nenhuma umidade. Por que isso importa? Porque a capacidade do corpo humano de se resfriar depende da capacidade do ar de absorver o suor que evapora. Se o ar não consegue absorver seu suor, você não consegue se resfriar, por mais que transpire. Sua perspiração simplesmente não tem para onde ir. A temperatura corporal permanece elevada e, se nada mudar, você morre de calor em algumas horas.

Insolação não é nenhuma novidade, claro. Mas, à medida que a atmosfera se tornar mais quente e úmida, o problema será muito maior. Nas regiões sob maior perigo — golfo Pérsico, Ásia Meridional e partes da China —, haverá épocas do ano em que centenas de milhões de vidas estarão em risco.

Para entender o que acontece quando esses efeitos começam a se acumular, vamos observar seu impacto individual. Imagine que você é um jovem e próspero fazendeiro que cultiva milho e soja e cria gado no estado de Nebraska em 2050. Como a mudança climática poderá afetar você e sua família?

Você vive no meio dos Estados Unidos, longe do litoral, então o nível do mar não o atinge diretamente. Mas o calor, sim. Na década de 2010, quando você era criança, talvez presenciasse 33 dias por ano em que a temperatura chegava aos 32ºC; hoje, isso acontece de 65 a 70 vezes no mesmo período. A chuva também é bem menos confiável: quando você era pequeno, podia esperar cerca de 635 milímetros de chuva anuais; hoje, essa quantidade varia de 560 a 730 milímetros.

Talvez você tenha ajustado seus negócios aos dias mais quentes e à imprevisibilidade da chuva. Anos atrás, investiu em novas variedades de cultivo capazes de tolerar o calor mais forte e encontrou soluções provisórias que o poupam de sair ao ar livre na pior parte do dia. Foi ruim ter de gastar dinheiro extra com isso, mas mesmo assim é a melhor alternativa.

Um dia, uma tempestade devastadora cai sem aviso. Rios próximos transbordam nas barragens que os contiveram por décadas e sua fazenda fica inundada. É o tipo de enchente que seus pais teriam chamado de uma em cem anos, mas agora você terá sorte se acontecer apenas uma vez por década. As águas levam embora vastas porções de suas plantações de milho e soja, e o celeiro fica tão alagado que os grãos apodrecem e precisam ser descartados. Na teoria, você poderia vender seu gado para compensar a perda — mas o alimento dos animais também foi destruído, de modo que você não conseguirá mantê-los vivos por muito mais tempo.

No fim, a água acaba baixando, e você percebe que as estradas, pontes e ferrovias dos arredores estão inutilizáveis. Isso não só o impede de transportar o que conseguiu salvar de sua produção como também dificulta que caminhões lhe tragam as sementes de que precisa para a próxima temporada de semeadura, presumindo que os campos continuem cultiváveis. A combinação de tudo representa um desastre que pode acabar com seu modo de vida e forçá-lo a vender as terras que foram de sua família por gerações.

Pode parecer que escolhi a dedo o exemplo mais extremo, porém coisas assim já estão acontecendo, sobretudo entre agricultores pobres, e em algumas décadas deverão afetar muito mais gente. E, por mais cruel que pareça, quando vistas de uma perspectiva global, percebemos que as coisas ficarão bem piores para o bilhão mais pobre do mundo — pessoas que já enfrentam dificuldades para sobreviver e que sofrerão ainda mais à medida que o clima piorar.

Agora imagine que é uma mulher na zona rural da Índia que vive da agricultura de subsistência ao lado do marido, o que significa que o casal e seus filhos consomem praticamente tudo que produzem. Numa temporada especialmente boa, às vezes sobra algo para vender, assim vocês podem comprar remédios para as crianças ou mandá-las para a escola. Infelizmente, as ondas de calor se tornaram tão comuns que a aldeia onde vocês vivem está ficando inabitável — não é muito incomum haver vários dias seguidos com temperatura perto dos 50°C —, e com o calor e as pragas que agora invadem a lavoura, o que não costumava acontecer, é quase impossível impedir a morte da plantação. Embora as monções tenham inundado outras partes do país, sua aldeia recebeu muito menos chuva do que o normal, tornando tão difícil encontrar água que sua família sobrevive de uma água encanada que só chega algumas vezes por semana, e em um volume baixíssimo. Está cada vez mais difícil simplesmente manter sua família alimentada com o básico.

Seu filho mais velho já trabalha em uma cidade grande, a centenas de quilômetros, porque não há comida suficiente para todos. Um vizinho cometeu suicídio por não conseguir sustentar a família. Você e seu marido devem ficar e tentar sobreviver na propriedade rural que já conhecem ou abandonar essas terras e se mudar para uma área urbana onde consigam outra forma de sustento?

É uma decisão angustiante. Mas é o tipo de escolha que pessoas no mundo todo já enfrentam, com resultados desoladores. Na pior seca já registrada na Síria — que durou de 2007 a 2010 —, cerca de 1,5 milhão de pessoas trocou a zona rural pelas cidades, ajudando a preparar o palco para o conflito armado que começou em 2011. A probabilidade de uma seca como essa triplicou com as mudanças climáticas. Em 2018, cerca de 13 milhões de sírios tinham se tornado refugiados.[8]

O problema só piora. Um estudo sobre a relação entre choques climáticos e pedidos de asilo na União Europeia revelou que mesmo com um aquecimento moderado a demanda pode subir 28%, chegando a quase 450 mil por ano, até o fim do século. O mesmo estudo estimou que por volta de 2080 uma redução nas safras levaria entre 2% e 10% dos adultos no México a tentar atravessar a fronteira para os Estados Unidos.[9]

Vamos pôr isso em termos com que todos os que conviveram com a pandemia de covid-19 possam se identificar. Se você quer compreender o tipo de danos que as mudanças climáticas vão infligir, observe a pandemia e imagine esse estresse se expandindo por um período muito mais prolongado. A perda de vidas e o sofrimento econômico causados pela doença equivalem ao que acontecerá regularmente se não eliminarmos as emissões de carbono do mundo.

Começarei pelas vidas perdidas. Quantas pessoas serão mortas pela covid-19 em comparação às causadas pelas mudanças climáticas? Como queremos comparar eventos que acontecem em diferentes momentos no tempo — a pandemia em 2020 e as mudanças climáticas em, digamos, 2030 —, e a população global mudará nesse período, não se podem comparar números absolutos. Em vez disso, usaremos a taxa de mortalidade: ou seja, a quantidade de mortes a cada 100 mil pessoas.

Usando dados da gripe espanhola de 1918 e da pandemia de covid-19, e tirando uma média do decorrer de um século, podemos estimar em quanto uma pandemia mundial aumenta a taxa de mortalidade no planeta. São cerca de catorze mortes a cada 100 mil pessoas todos os anos.

Como isso se compara às mudanças climáticas? Em meados do século, estão previstos aumentos nas temperaturas globais que elevarão as taxas de mortalidade mundiais nessa mesma proporção — catorze a cada 100 mil. Até o fim do século, se as emissões continuarem elevadas, as mudanças climáticas serão responsáveis por 75 mortes a mais a cada 100 mil pessoas.

Em outras palavras, até meados do século, as mudanças climáticas podem ser tão mortais quanto a covid-19 e, em 2100, cinco vezes mais letais.

O cenário econômico também é deprimente. Os impactos prováveis das mudanças climáticas e da covid-19 variam bastante, a depender do modelo econômico usado. Mas a conclusão é a mesma: nas próximas duas décadas, ou mesmo bem antes disso, os prejuízos econômicos provocados pela mudança climática provavelmente serão tão sérios quanto a ocorrência de uma pandemia como essa a cada dez anos. E, no fim do século XXI, será muito pior se o mundo permanecer no atual caminho de emissões.*

* A matemática é a seguinte: modelos recentes sugerem que o custo das mudanças climáticas em 2030 provavelmente ficará entre 0,85% e 1,5% do PIB anual americano. No momento, as estimativas atuais para o custo da covid-19 nos Estados Unidos este ano ficam na faixa de 7% a 10% do PIB. Se presumirmos que um impacto similar acontecerá a cada dez anos, isso representa um custo anual médio de 0,7% a 1% do PIB — o equivalente aproximado dos prejuízos previstos das mudanças climáticas.

Muitas previsões deste capítulo talvez soem familiares se você acompanha as notícias sobre as mudanças climáticas. Mas, à medida que a temperatura subir, todos esses problemas acontecerão com maior frequência e gravidade, afetando mais pessoas. E existe a chance de uma mudança climática catastrófica súbita se, por exemplo, grandes áreas do solo permanentemente congelado da Terra (o chamado permafrost) esquentarem o suficiente para derreter e liberar as imensas quantidades de gases de efeito estufa, em especial metano, aprisionadas em seu interior.

Apesar das incertezas científicas que persistem, compreendemos o suficiente para saber que a situação ficará feia. Existem duas coisas que podemos fazer a respeito:

Adaptação. Podemos tentar minimizar o impacto das mudanças que já estão em curso e das que sabemos que estão a caminho. Como as mudanças climáticas trarão maior impacto aos mais pobres, e a maioria dos pobres no mundo são agricultores, adaptação é um foco central para a equipe de agricultura da Fundação Gates. Por exemplo, financiamos muitas pesquisas em novas variedades de plantas capazes de tolerar as secas e as cheias que serão mais frequentes e severas nas próximas décadas. Explicarei mais sobre a adaptação e detalharei algumas medidas que precisaremos tomar no capítulo 9.

Paliativos. A maior parte deste livro não diz respeito à adaptação, mas a outra medida que precisamos tomar: interromper a liberação de gases de efeito estufa na atmosfera. Para ter alguma esperança de evitar o desastre, os maiores emissores do mundo — os países ricos — precisam zerar as emissões líquidas até 2050. Países de renda média precisam chegar a esse patamar logo em seguida, e assim o resto do mundo acabará fazendo o mesmo.

Já escutei algumas objeções à ideia de que os países ricos devem dar o exemplo: "Por que a gente vai pagar o pato?". Não é apenas porque causamos a maior parte do problema (o que é verdade). É também porque se trata de uma oportunidade econômica imensa: países que construírem empresas e indústrias de carbono zero eficientes liderarão a economia global nas décadas seguintes.

Os países ricos são os mais indicados para desenvolver soluções climáticas inovadoras — são eles que contam com financiamento público, universidades com centros de pesquisa, laboratórios nacionais e startups que atraem talentos do mundo todo, de modo que precisarão servir de exemplo. Os que obtiverem grandes avanços em energia e se revelarem capazes de trabalhar em escala global e de forma barata encontrarão muitos clientes ansiosos nas economias emergentes.

Vejo muitos caminhos diferentes que podem nos conduzir a zero. Antes de explorá-los em mais detalhes, vamos analisar como essa jornada será complicada.

2. Não será fácil

Não desanime com o título deste capítulo, por favor. Espero que a esta altura tenha ficado clara minha convicção de que conseguiremos chegar a zero, e no resto do livro tentarei explicar minhas razões para pensar assim e do que será preciso para chegarmos lá. Mas não podemos resolver um problema como as mudanças climáticas sem uma análise honesta do que está por ser feito e dos obstáculos a superar. Assim, tendo em mente que as soluções efetivamente virão — incluindo maneiras de acelerar a transição dos combustíveis fósseis —, vejamos agora quais são nossos maiores desafios.

Combustíveis fósseis são como água. Sou fã do falecido escritor David Foster Wallace. (Estou lendo devagar tudo o que ele escreveu para me preparar para enfrentar seu calhamaço, *Graça infinita*.) Quando Wallace proferiu seu hoje famoso discurso de paraninfo para os formandos do Kenyon College, em 2005, começou com a seguinte anedota:

> Dois peixinhos estão nadando lado a lado e cruzam com um peixe mais velho que vem nadando no sentido contrário, que os cumpri-

menta dizendo: "Bom dia, meninos. Como está a água?". Os dois peixinhos continuam nadando por mais algum tempo, até que um deles olha para o outro e pergunta: "Água? Que diabo é isso?".*

Wallace explicou: "O ponto central da história dos peixes é que as realidades mais óbvias, onipresentes e fundamentais são com frequência as mais difíceis de ver e conversar a respeito".

Combustíveis fósseis são assim. Tão onipresentes que talvez seja difícil captar todos os modos como eles — e outras fontes de gases de efeito estufa — afetam nossa vida. Acho que pode ser proveitoso começar por objetos cotidianos e seguir a partir daí.

Você escovou os dentes hoje de manhã? A escova de dentes provavelmente contém plástico, que é feito de petróleo, um combustível fóssil.

Se tomou café da manhã, os grãos em sua torrada e seu cereal foram cultivados com fertilizantes, cuja fabricação libera gases de efeito estufa. A colheita foi realizada com um trator de aço — que

* A íntegra do discurso "This Is Water"["Isto é água" na tradução para o português] pode ser lida em livro ou na internet. Ele é maravilhoso.

é feito de combustíveis fósseis em um processo que libera carbono e funciona à base de um derivado de petróleo. Se comeu um hambúrguer no almoço, como faço de vez em quando, a criação do gado que forneceu a carne gerou gases de efeito estufa — as vacas emitem metano por meio de arrotos e flatulência —, assim como o cultivo e a colheita do trigo utilizado no pão.

As roupas que vestiu talvez contenham algodão — que também leva fertilizante e precisa ser cultivado — ou poliéster, feito de etileno, um derivado do petróleo. Se usou papel higiênico, lá se vão mais algumas árvores cortadas e mais carbono na atmosfera.

Se o veículo que usou para ir ao trabalho ou à faculdade hoje era movido a eletricidade, ponto para você — embora essa eletricidade provavelmente tenha sido gerada com uso de combustível fóssil. Se andou de trem, ele percorreu trilhos feitos de aço e passou por túneis feitos de cimento, que é fabricado com combustíveis fósseis em um processo que libera carbono como subproduto. O carro ou ônibus em que andou é feito de aço e plástico. O mesmo vale para a bicicleta que usou no último fim de semana. As ruas por onde você passou contêm cimento, além de asfalto, que é um derivado do petróleo.

Se você mora em um apartamento, provavelmente vive cercado por cimento. Caso viva numa casa de madeira, as vigas e os caibros foram cortados e moldados por máquinas movidas a gasolina e feitas de aço e plástico. Se sua casa ou escritório possui sistema de aquecimento ou ar-condicionado, não só usa uma quantidade razoável de energia como também o fluido refrigerante do aparelho pode ser um potente gás de efeito estufa. Se você está sentado em uma cadeira feita de metal ou plástico, isso corresponde a mais emissões.

Além disso, praticamente todos esses itens, da escova de dentes aos materiais de construção, foram transportados de um lugar para outro em caminhões, aviões, trens e navios, todos movidos a combustíveis fósseis e fabricados com o uso de combustíveis fósseis.

Em outras palavras, os combustíveis fósseis estão por toda parte. Vamos usar petróleo como exemplo: o mundo consome mais de 4 bilhões de galões diários. Quando usamos qualquer produto nesse volume, não podemos simplesmente parar de uma hora para outra.

Além do mais, há um ótimo motivo para os combustíveis fósseis estarem por toda parte: custam uma merreca. Ou seja, *petróleo é mais barato que refrigerante*. Mal pude acreditar nisso na primeira vez que ouvi, mas é verdade. A matemática é a seguinte: um barril de petróleo contém 42 galões; ao preço médio de aproximadamente 42 dólares por barril no segundo semestre de 2020, temos o custo de quase 1 dólar por galão. Uma rede atacadista como a Costco vende 8 litros de refrigerante por 6 dólares, preço que corresponde a cerca de 2,85 dólares por galão.[1]

Mesmo após considerar as flutuações no preço do petróleo, a conclusão é a mesma: diariamente, pessoas no mundo todo dependem de mais de 4 bilhões de galões de um produto que custa menos que uma coca-cola.

Não é por acaso que os combustíveis fósseis são tão baratos. Eles são abundantes e fáceis de transportar. Criamos grandes indústrias globais dedicadas a extraí-los, processá-los e transportá-los, e a desenvolver inovações que mantenham o preço baixo. E seu preço não reflete o dano que causam — os modos como contribuem para as mudanças climáticas, a poluição e a degradação ambiental geradas quando são extraídos e queimados. Vamos explorar esse problema em mais detalhes no capítulo 10.

A extensão do problema chega a ser perturbadora. Mas não deve nos paralisar. Empregando as fontes limpas e renováveis de que já dispomos, ao mesmo tempo que avançamos nas inovações da energia de carbono zero, podemos descobrir um jeito de zerar nossas emissões líquidas. O segredo é tornar a alternativa limpa tão barata — ou quase tão barata — quanto a tecnologia atual.

Mas precisamos nos mexer, porque…

Não são só os ricos. Em quase todo o planeta, as pessoas vivem mais e com mais saúde. Os padrões de vida estão se tornando mais elevados. Há uma demanda crescente por carros, estradas, prédios, geladeiras, computadores, aparelhos de ar-condicionado e pela energia que alimenta tudo isso. Como resultado, a quantidade de energia usada por pessoa vai aumentar, bem como a quantidade de gases de efeito estufa emitida individualmente. Até mesmo a construção da infraestrutura necessária para criar toda essa energia — turbinas de vento, painéis solares, usinas nucleares, instalações de armazenamento de eletricidade e assim por diante — vai envolver a liberação de mais gases de efeito estufa.

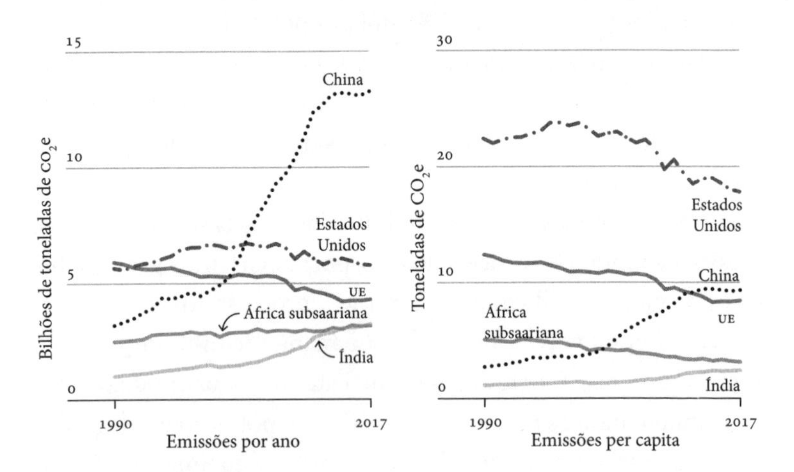

Onde estão as emissões. As emissões de economias avançadas como os Estados Unidos e a Europa permaneceram razoavelmente estabilizadas ou até diminuíram, mas em muitos países em desenvolvimento estão crescendo em ritmo acelerado. Isso se deve em parte ao fato de os países ricos terem transferido suas indústrias de emissões mais pesadas para os países pobres. (UN Population Division; Rhodium Group)[2]

Mas a questão não é só que cada pessoa usará mais energia — também haverá mais gente. A população global caminha para 10 bilhões até o fim do século, e grande parte desse crescimento ocorre em cidades com intensa produção de carbono. A velocidade da expansão urbana é impressionante: por volta de 2060, a superfície construída do mundo — medida que considera a quantidade de construções e seu tamanho — vai dobrar. Isso equivale a erguer uma Nova York a mais por mês durante quarenta anos, e se deve sobretudo ao crescimento de países em desenvolvimento como China, Índia e Nigéria.

O mundo construirá o equivalente a outra Nova York por mês pelos próximos quarenta anos.

Trata-se de uma notícia boa para todo mundo cuja vida vai melhorar, mas péssima para o clima. É preciso considerar que quase 40% das emissões mundiais são produzidas pelos 16% mais ricos da população. (E isso sem contar as emissões de produtos fabricados em algum outro lugar, mas consumidos pelos países ricos.) O que acontecerá à medida que mais pessoas viverem como os 16% mais ricos? A demanda energética global subirá 50% até 2050 e, se nada mudar, as emissões de carbono subirão quase na mesma proporção. Mesmo que o mundo rico pudesse magicamente zerar as emissões hoje, o restante ainda assim continuaria a emitir cada vez mais carbono.

Seria imoral e inviável tentar impedir os que estão mais abaixo na pirâmide econômica de subir. Não podemos defender que os pobres continuem pobres porque os países ricos emitiram gases de efeito estufa demais, e mesmo que quiséssemos não haveria como fazê-lo. Em vez disso, precisamos possibilitar que as pessoas de baixa renda elevem seu padrão de vida sem agravar as mudanças climáticas. Precisamos chegar a zero — produzindo ainda mais energia do que hoje, mas sem acrescentar mais carbono à atmosfera — assim que possível.

Infelizmente...

As tendências históricas não estão a nosso favor. A julgar apenas pelo longo tempo que levaram as transições anteriores, "assim que possível" ainda vai demorar. Já fizemos coisas do tipo antes — mudar a dependência de uma fonte energética para outra —, e o processo sempre levou muitas décadas. (Os melhores livros que li sobre o tema são *Energy Transitions* e *Energy Myths and Realities*, de Vaclav Smil, que uso como referências aqui.)

Durante a maior parte da história humana, nossas principais fontes energéticas foram nossos músculos, animais capazes de fazer coisas como puxar arados e as plantas que queimamos. Os combustíveis fósseis não representavam nem sequer metade do

Muitos agricultores ainda precisam recorrer a técnicas antigas, um dos motivos para estarem condenados à pobreza. Essas pessoas deveriam ter direito a equipamentos e alternativas modernas — mas, no momento, usar tais ferramentas significa produzir mais gases de efeito estufa.

consumo de energia mundial até o fim da década de 1890. Na China, essa dependência começou apenas nos anos 1960. Em partes da Ásia e da África subsaariana, essa transição ainda não aconteceu.[3]

E precisamos levar em consideração também quanto tempo demorou para que o petróleo se tornasse uma parte considerável de nosso suprimento de energia. Começamos a produzi-lo comercialmente na década de 1860. Meio século mais tarde, ele representava apenas 10% do suprimento de energia mundial. Levou mais trinta anos para chegar a 25%.[4]

O gás natural seguiu uma trajetória similar. Em 1900, gerava 1% da energia consumida no mundo. Levou setenta anos para atingir 20%. A fissão nuclear foi ainda mais rápida, indo de zero a 10% em 27 anos.[5]

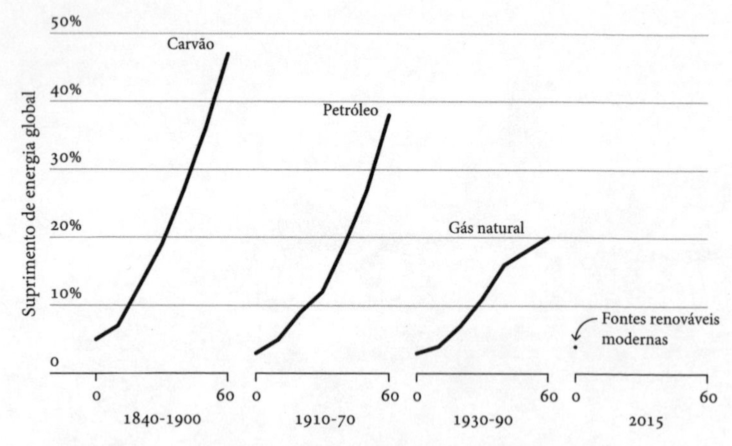

Adotar novas fontes de energia leva bastante tempo. Observe como em sessenta anos o carvão passou de 5% do fornecimento da energia mundial a quase 50%. Mas, nesse mesmo período, o gás natural só chegou a 20%. (Vaclav Smil, *Energy Transitions*, 2018)[6]

O gráfico mostra o crescimento de várias fontes de energia ao longo de sessenta anos, a começar da época em que foram introduzidas. Entre 1840 e 1900, o carvão passou de 5% do suprimento mundial de energia a 50%. Mas, nos sessenta anos transcorridos de 1930 a 1990, o gás natural chegou apenas a 25%. Em suma: transições de energia levam tempo.

Fontes de combustível não são o único problema. Adotar novos tipos de veículos também é bastante demorado. O motor de combustão interna foi introduzido na década de 1880. Quanto tempo levou para que metade de todas as famílias urbanas tivesse um carro? Trinta a quarenta anos nos Estados Unidos e setenta a oitenta na Europa.

Além do mais, a transição energética de que necessitamos hoje está sendo impulsionada por algo que nunca foi considerado importante. Antes, passávamos de uma fonte a outra porque a nova alternativa era mais barata e potente. Quando paramos de queimar tanta madeira e começamos a usar mais carvão, por exemplo, foi porque podíamos obter muito mais calor e luz de um quilo de carvão do que de um quilo de lenha.

Ou podemos analisar um exemplo mais recente nos Estados Unidos: hoje usamos mais gás natural e menos carvão para gerar eletricidade. Por quê? Porque novas técnicas de extração o deixaram muito mais barato. Foi uma questão econômica, não ambiental. Na verdade, para considerar o gás natural melhor ou pior do que o carvão, precisamos ver como o dióxido de carbono equivalente é calculado. Alguns cientistas defendem que o gás na verdade pode ser pior do que o carvão para agravar as mudanças climáticas, dependendo de quanto vaza durante seu processamento.[7]

É natural que, com o tempo, começássemos a usar mais energias renováveis — mas, se apenas esperarmos sentados, esse crescimento não chegará nem perto de acontecer com a rapidez necessária, e, como veremos no capítulo 4, sem inovação não será suficiente para conduzir o mundo inteiro a zero. Precisamos promover uma transição atipicamente acelerada. Isso introduz um nível de complexidade — nas políticas públicas e na tecnologia — com o qual nunca tivemos de lidar.

Por que as transições de energia levam tanto tempo, afinal? Porque…

Usinas a carvão não são como chips de computador. Você provavelmente já ouviu falar na Lei de Moore, a previsão feita por Gordon Moore em 1965 de que os microprocessadores dobrariam de capacidade a cada dois anos. Gordon estava certo, claro, e a Lei de Moore é uma das principais razões para as indústrias da computação e do software terem decolado da maneira como o fizeram. À medida que os processadores ficavam mais poderosos, pudemos desenvolver softwares melhores, o que aumentou a procura por computadores, o que proporcionou aos fabricantes de hardware o incentivo para continuar aperfeiçoando suas máquinas, que contaram com softwares cada vez melhores e assim por diante, em um círculo virtuoso.

A Lei de Moore funciona porque as empresas continuam a encontrar novas maneiras de fazer transistores — os minúsculos interruptores que alimentam um computador — cada vez menores. Isso permite compactar mais transistores no chip. Um chip de computador fabricado hoje possui aproximadamente 1 milhão de transistores a mais do que os feitos em 1970, o que o torna 1 milhão de vezes mais potente.

Às vezes vemos a Lei de Moore sendo invocada como um motivo para pensar que podemos fazer o mesmo tipo de progresso exponencial em energia. Se os chips de computador conseguem melhorar tanto tão depressa, por que carros e painéis solares não conseguem?

Infelizmente, não é o caso. Os chips de computador são um ponto fora da curva. Eles são aprimorados porque descobrimos um jeito de enfiar mais transistores em cada um, mas não houve avanço equivalente que fizesse os carros usarem 1 milhão de vezes menos gasolina. O primeiro modelo T a deixar as linhas de produção de Henry Ford em 1908 não fazia mais que nove quilômetros por litro. No momento em que escrevo, o melhor híbrido no mercado faz 25 quilômetros por litro. Em mais de um século, a economia de combustível não chegou sequer a triplicar.

Os painéis solares tampouco se tornaram 1 milhão de vezes menores. Quando as células solares de silício cristalino foram introduzidas, na década de 1970, cerca de 15% da luz do sol que incidia sobre elas era convertida em eletricidade. Hoje, a conversão gira em torno de 25%. É um bom progresso, mas está longe de obedecer à Lei de Moore.

A tecnologia é apenas um dos motivos para a indústria da energia não conseguir mudar tão depressa quanto a indústria do computador. Há também a questão do tamanho. A indústria da energia é gigante — movimenta cerca de 5 trilhões de dólares por ano e é um dos maiores ramos de negócios do planeta. Qualquer coisa com esse tamanho e complexidade resistirá a mudanças. E, conscientemente ou não, produzimos um bocado de inércia na indústria da energia.

Para contextualizar, pense em como funciona o negócio do software. Não existe órgão regulador para aprovar os produtos. Mesmo que você lance um software que tenha problemas, seus clientes ainda assim podem querer usá-los e fornecer feedback sobre como aperfeiçoá-lo, contanto que o benefício líquido oferecido seja bom o bastante. E praticamente todos os seus custos já foram despendidos. Depois que você desenvolveu um produto, o custo marginal de aumentar sua produção é próximo de zero.

Compare isso com a indústria farmacêutica e de vacinas. Introduzir um novo medicamento no mercado é bem mais difícil do que lançar um novo software. Nada mais justo, considerando que um medicamento que faz mal ao público é algo muito mais grave do que um aplicativo com algumas falhas. Entre realizar a pesquisa básica, desenvolver a substância, obter aprovação legal para testá-la e todos os demais passos necessários, demora muitos anos para que um novo fármaco chegue ao consumidor. Mas, uma vez encontrada uma fórmula que funcione, é muito barato produzi-la em maior quantidade.

Agora compare ambos os casos com a indústria da energia. Primeiro, existem imensos custos de capital que nunca podem ser ignorados. Se foi gasto 1 bilhão de dólares para construir uma usina termelétrica a carvão, a próxima não será nem um pouco mais barata. E os investidores que bancam a empreitada disponibilizam esse dinheiro com a expectativa de que a usina funcionará por trinta anos ou mais. Se alguém aparece com uma tecnologia melhor dez anos depois, a usina antiga não vai ser simplesmente fechada para a construção de uma nova. Pelo menos, não sem um bom motivo — como uma grande compensação financeira ou regulamentações governamentais que obriguem a empresa a isso.

A sociedade como um todo também é avessa ao risco no negócio da energia, o que é compreensível. Exigimos eletricidade confiável — a luz precisa acender sempre que o cliente aciona o interruptor. Os desastres também são uma preocupação. Inclusive, as questões de segurança quase impediram a construção de usinas nucleares nos Estados Unidos. Desde os acidentes em Three Mile Island e Tchernóbil, os Estados Unidos começaram a construir apenas duas usinas nucleares, ainda que mais gente morra de poluição por carvão em um ano do que em todos os acidentes nucleares juntos.

Temos um grande e compreensível incentivo para nos apegar ao que já é conhecido, mesmo quando isso nos prejudica. Precisamos mudar os incentivos, de modo a construir um sistema de energia que seja tudo o que apreciamos (confiável, seguro) e nada do que repudiamos (dependente de combustíveis fósseis). Mas não vai ser fácil, porque…

Nossas leis e regulamentações são muito ultrapassadas. A expressão "políticas públicas" não desperta exatamente paixões candentes. Mas essas políticas — das leis fiscais às ambientais — têm um impacto imenso na vida das pessoas e das empresas. Jamais conseguiremos emissões zero sem políticas públicas adequadas, e ainda estamos longe disso. (Falo dos Estados Unidos, mas isso se aplica a muitos outros países também.)

Um dos problemas é que muitas leis e regulamentações ambientais ainda em vigor não foram concebidas tendo as mudanças climáticas em mente: elas foram adotadas para resolver outros problemas e hoje tentamos usá-las para reduzir as emissões. É mais ou menos como tentar criar inteligência artificial usando um mainframe da década de 1960.

Por exemplo, a regulamentação americana mais conhecida

sobre a questão da qualidade do ar, a Lei do Ar Limpo, mal menciona gases de efeito estufa. Isso não é surpresa nenhuma, uma vez que foi aprovada originalmente em 1970 para reduzir os riscos da poluição do ar à saúde, não para lidar com temperaturas em elevação.

O mesmo vale para os padrões de economia de combustível conhecidos como CAFE (Economia de Combustível Corporativa Média, na sigla em inglês). Eles foram adotados na década de 1970 porque os preços do petróleo estavam nas alturas, e os americanos queriam carros com consumo mais eficiente. Economizar combustível é ótimo, mas aquilo de que precisamos hoje é pôr mais carros elétricos nas ruas, e os padrões CAFE não ajudaram grande coisa nesse aspecto, porque não foram criados para isso.

As políticas públicas ultrapassadas não são o único problema. Nossa postura em relação ao clima e à geração e ao consumo de energia está ligada aos ciclos eleitorais. A cada quatro ou oito anos, um novo governo chega a Washington com suas próprias prioridades no assunto. Não existe nada inerentemente errado nessa troca de prioridades — que acontece em todas as esferas do governo a cada nova eleição —, mas isso prejudica os pesquisadores que dependem de verbas públicas e os empreendedores que se beneficiam de incentivos fiscais. É difícil fazer um progresso efetivo se de tantos em tantos anos você tem de parar de trabalhar em um projeto e começar alguma outra coisa do zero.

Os ciclos eleitorais também geram incerteza na iniciativa privada. O governo oferece várias isenções de impostos, criadas para fazer mais empresas trabalharem em avanços na energia limpa. Mas a utilidade disso só vai até certo ponto, porque a inovação energética é muito difícil e pode levar décadas para dar frutos. Você pode trabalhar numa ideia por anos e um novo governo assumir e acabar com o incentivo com que você vinha contando.

O resumo da história é que nossas atuais políticas energéticas terão um impacto irrisório nas emissões futuras. É possível medir seu efeito calculando até que ponto as emissões cairão por volta de 2030 como resultado das legislações federais e estaduais hoje em vigor. No total, são cerca de 300 milhões de toneladas, ou 5% das emissões americanas projetadas para 2030.[8] Não é nada desprezível, mas está longe de nos deixar próximos do zero.

Isso não significa que não sejamos capazes de elaborar políticas que façam uma grande diferença nas emissões. Os padrões CAFE e a Lei do Ar Limpo cumpriram seu propósito: os carros se tornaram mais econômicos e o ar ficou menos poluído. E há algumas políticas eficazes sobre emissões em vigor hoje, embora desconectadas entre si e insuficientes em sua totalidade para fazer diferença de verdade para a questão climática.

Acredito que é possível, mas não vai ser fácil. Para começo de conversa, é bem mais simples emendar uma legislação existente do que introduzir uma nova lei importante. Desenvolver novas políticas, ouvir a população, passar as iniciativas pelo crivo do sistema judiciário — caso haja disputas legais — e por fim implementá-las leva bastante tempo. Isso para não mencionar o fato de que...

O consenso sobre o clima é bem menor do que imaginamos. Não estou falando dos 97% de cientistas que concordam que o clima está mudando por causa da atividade humana. É verdade que ainda existem grupos pequenos mas estridentes — e, em alguns casos, politicamente poderosos — que não se deixam convencer pela ciência. Ainda assim, admitir a existência das mudanças climáticas não significa necessariamente comprar a ideia de que deveríamos investir grandes quantias de dinheiro nas inovações concebidas para lidar com o problema.

Por exemplo, há quem argumente: *sim, as mudanças climáticas estão acontecendo, mas não vale a pena tentar impedi-las ou adaptar-se a elas. Em vez disso, deveríamos priorizar outras coisas que exercem maior impacto no bem-estar humano, como saúde e educação.*

Minha resposta a esse argumento é a seguinte: se não apressarmos nossa caminhada rumo ao zero, coisas ruins (e provavelmente em grande escala) acontecerão ainda nesta geração com a maioria das pessoas, e coisas *muito* ruins acontecerão com a próxima. Mesmo se as mudanças climáticas não forem consideradas uma ameaça existencial à humanidade, seus efeitos vão deixar a maioria em situação pior do que antes, empobrecendo os pobres mais ainda. O problema continuará a se agravar enquanto não deixarmos de lançar gases de efeito estufa à atmosfera, e essa precisa ser uma prioridade tão importante quanto a saúde e a educação.

Outro argumento que escutamos com frequência diz: *sim, as mudanças climáticas são inegáveis, seus efeitos serão ruins e temos aquilo que é necessário para detê-las. Considerando energia solar, eólica, hidrelétrica e algumas outras ferramentas, estamos bem servidos. É simplesmente uma questão de ter vontade de empregá-las.*

Os capítulos 4 a 8 explicam por que não engulo essa ideia. Dispomos de parte das soluções necessárias, mas estamos longe de ter tudo de que precisamos.

Existe ainda outro desafio ao consenso climático: a cooperação global é sabidamente difícil. Não se trata apenas de conseguir que todos os países do mundo concordem sobre alguma coisa, em especial quando se espera que assumam novos custos, como o de controlar as emissões de carbono. Nenhum país quer gastar dinheiro para diminuir as emissões a menos que todos os demais também façam o mesmo. É por isso que o Acordo de Paris, em que mais de 190 países se comprometeram a limitar gradativamente as emissões, foi um evento tão notável. Não porque as atuais promessas exercerão grande impacto no problema — se todas forem cumpridas, as emissões anuais serão reduzidas em 3 bilhões a 6 bilhões de toneladas até 2030, menos de 12% do total emitido hoje —, mas por ter sido um ponto de partida, mostrando que a cooperação global é possível. A saída dos Estados Unidos do Acordo de Paris, em 2015 — um passo que o presidente eleito Joe Biden prometeu reverter —, serve apenas para ilustrar como manter pactos globais é tão difícil quanto criá-los, antes de mais nada.

Em suma: precisamos realizar algo gigantesco, nunca visto antes, muito mais rapidamente do que qualquer coisa similar já feita. Para isso, necessitamos de muitos avanços na ciência e na engenharia. Devemos construir um consenso que não existe e criar políticas públicas para tornar obrigatória uma transição que não aconteceria de outro modo. Precisamos que o sistema energético pare de fazer todas as coisas que não apreciamos e continue fazendo as coisas de que gostamos — em outras palavras, mudar por completo para no fim continuar igual.

Mas não se desespere. Nós somos capazes. Há um monte de ideias por aí sobre como fazer isso, umas mais promissoras que outras. No próximo capítulo, explicarei minha forma de abordar cada uma delas.

3. Cinco perguntas a fazer em qualquer conversa sobre o clima

Quando comecei a estudar as mudanças climáticas, sempre me deparava com fatos difíceis de entender. Para começar, os números eram tão grandes que mal conseguia imaginá-los. Quem consegue imaginar 51 bilhões de toneladas de gás?

Outro problema era que os dados muitas vezes eram citados sem contexto. Um artigo afirmava que um programa europeu de comércio de emissões reduzira a pegada de carbono do setor da aviação no continente em 17 milhões de toneladas por ano. Parece uma quantidade relevante, mas será mesmo? Que porcentagem do total isso representa? O artigo não dizia, e esse tipo de omissão era surpreendentemente comum.

No fim, acabei desenvolvendo uma estrutura de raciocínio específica para as coisas que estava aprendendo. Isso me ajudou a entender o que era muito e o que era pouco, e qual seria o custo de cada coisa. Ajudou a filtrar as ideias mais promissoras. Descobri que essa abordagem funciona com quase qualquer novo assunto que me interessa: tento primeiro enxergar o cenário mais amplo, pois me proporciona o contexto para compreender uma nova informação. E assim também será mais fácil lembrar dela.

Meu método de cinco questões ainda é bastante útil hoje em dia, seja para avaliar o pedido de investimento de uma startup de energia, seja durante uma conversa com um amigo em um churrasco no quintal. Qualquer dia você pode ler um editorial no jornal propondo alguma solução para o clima; certamente vai ouvir políticos apregoando seus planos para deter as mudanças climáticas. Assuntos complexos como esses podem ser confusos. Este método o ajudará a separar o joio do trigo.

1. DE QUANTO DOS 51 BILHÕES DE TONELADAS ESTAMOS FALANDO?

Sempre que leio algo que menciona alguma quantidade de gases de efeito estufa, faço um cálculo rápido, convertendo-a em uma porcentagem do total anual de 51 bilhões de toneladas. Para mim, faz mais sentido do que as outras comparações que vemos com frequência por aí, como "essa quantidade de toneladas equivale a tirar um carro das ruas". Quem sabe quantos carros há nas ruas, para começo de conversa? Ou quantos carros teríamos de tirar das ruas para deter as mudanças climáticas?

Prefiro relacionar tudo à meta principal de eliminar 51 bilhões de toneladas por ano. Considere o exemplo da aviação, que mencionei no início deste capítulo, com o programa para se livrar de 17 milhões de toneladas por ano. Divida isso por 51 bilhões e converta em porcentagem. Representa uma redução de aproximadamente 0,03% nas emissões globais anuais.

É uma contribuição representativa? Depende da resposta à seguinte pergunta: o número tende a subir ou a permanecer igual? Se o programa começa em 17 milhões de toneladas, mas tem potencial para reduzir muito mais as emissões, é uma coisa. Se vai permanecer para sempre em 17 milhões de toneladas, a conversa é outra. Infelizmente, a resposta nem sempre é óbvia. (Não ficou óbvia para mim quando li sobre o programa de aviação.) Mas é uma pergunta importante a ser feita.

Na Breakthrough Energy, subsidiamos apenas tecnologias capazes de remover no mínimo 500 milhões de toneladas anuais se implementadas integralmente e com sucesso. Isso representa mais ou menos 1% das emissões globais. Tecnologias que jamais ultrapassarão o patamar de 1% não deveriam competir pelos recursos limitados que temos para chegar a zero. Talvez haja outros bons motivos para desenvolvê-las, mas a redução significativa das emissões não é um deles.

É possível que você tenha lido por aí alguma referência a gigatoneladas de gases de efeito estufa. Uma gigatonelada corresponde a 1 bilhão de toneladas (ou 10^9 toneladas, em notação científica). Acho que a maioria das pessoas não entende intuitivamente quanto é uma gigatonelada, e, além do mais, eliminar 51 gigatoneladas de gases soa mais fácil do que 51 bilhões de toneladas, embora a quantidade seja a mesma. Continuarei com os bilhões de toneladas.

Dica: sempre que ler algum número de toneladas de gases de efeito estufa, converta-o em porcentagem de 51 bilhões, que é o total atual de emissões anuais mundiais (em dióxido de carbono equivalente).

2. O QUE FAZER COM O CIMENTO?

Se queremos um plano abrangente para lidar com a mudança climática, precisamos considerar tudo o que os humanos fazem para causar emissões. Coisas como eletricidade e carros recebem muita atenção, mas são apenas o começo. Carros particulares representam menos da metade de todas as emissões do ramo dos transportes, que por sua vez representa 16% das emissões mundiais.

Enquanto isso, as indústrias de aço e cimento juntas correspondem a cerca de 10% das emissões totais. Portanto, a questão "o que fazer com o cimento?" é apenas um lembrete de que temos de levar em consideração muito mais do que a eletricidade e os carros se pretendemos elaborar um plano abrangente para deter as mudanças climáticas.

A seguir temos uma relação de todas as atividades humanas que produzem gases de efeito estufa. Nem todo mundo usa essas mesmas categorias, mas foi a lista que achei mais útil, além de ser a mesma utilizada pela equipe da Breakthrough Energy.*

Chegar a zero significa zerar cada uma destas categorias:

QUAL É A PROPORÇÃO DE GASES DE EFEITO ESTUFA GERADA PELAS COISAS QUE FAZEMOS?

Fabricar as coisas (cimento, aço, plástico)	31%
Ligar as coisas na tomada (eletricidade)	27%
Cultivar e criar as coisas (plantas, animais)	19%
Transportar as coisas (aviões, caminhões, cargueiros)	16%
Manter as coisas quentes e frias (sistemas de aquecimento, ar-condicionado, refrigeração)	7%

* Essas porcentagens representam as emissões globais de gases de efeito estufa. Quando categorizamos emissões de fontes variadas, uma das questões que precisamos decidir é como contabilizar produtos que causam emissões tanto no processo de fabricação como no uso cotidiano. Por exemplo, produzimos gases de efeito estufa quando refinamos petróleo para fazer gasolina e novamente quando queimamos a gasolina. Neste livro, incluo todas as emissões originadas na fabricação em "como fazemos as coisas" e todas as emissões originadas em seu uso cotidiano em suas respectivas categorias. Assim, refinar petróleo recai em "como fazemos as coisas" e queimar gasolina está incluído em "como nos deslocamos". O mesmo vale para coisas como carros, aviões e navios. O aço de que são feitos entra em "como fazemos as coisas", e as emissões dos combustíveis que eles queimam, em "como nos deslocamos".

Você pode ter se surpreendido ao constatar que a produção de eletricidade corresponde a apenas um quarto das emissões totais. Eu fiquei espantado quando descobri: como a maioria dos artigos que li sobre mudanças climáticas se concentrava na geração de eletricidade, presumia que deveria ser a maior culpada.

A boa notícia é que, embora constitua apenas 27% do problema, a eletricidade pode representar muito mais que 27% da solução. Com eletricidade limpa, poderíamos abandonar a queima de hidrocarbonetos (que emite dióxido de carbono) para obter combustível. Imagine usar eletricidade em vez de gás natural em carros e ônibus, em sistemas de aquecimento e refrigeração domésticos e comerciais e em fábricas de alta demanda energética. Sozinha, a eletricidade limpa não vai nos levar a zero, mas será um passo crucial.

Dica: lembre que as emissões vêm de cinco atividades diferentes — e precisamos de soluções em todas elas.

3. DE QUANTA POTÊNCIA ESTAMOS FALANDO?

Essa questão surge sobretudo em artigos sobre eletricidade. Talvez você tenha lido que uma nova usina de energia vai gerar quinhentos megawatts. Isso é muito? E o que é um megawatt, afinal de contas?

Um megawatt representa 1 milhão de watts, e um watt é um joule por segundo. Para nossos propósitos, não importa o que seja um joule, basta saber que corresponde a determinada quantidade de energia. Lembre apenas que um watt equivale a certa quantidade de energia por segundo. Pense da seguinte forma: se você estivesse medindo o fluxo de água da torneira da cozinha, poderia contar quantas xícaras saem por segundo. A medição de potência é parecida, só que estamos medindo o fluxo de energia, não de água. Watts equivalem a "xícaras por segundo".

Um watt é muito pouco. Uma lâmpada comum pode utilizar quarenta watts. Um secador de cabelo, 1500. Uma usina gera centenas de milhões de watts. A maior usina hidrelétrica do mundo, a das Três Gargantas, na China, produz até 22 bilhões de watts. (Lembre que a definição de um watt já inclui "por segundo", portanto não existe algo como watts por segundo ou watts por hora. Apenas watts.)

Como esses números acabam ficando muito grandes, convém usar formas abreviadas. Um quilowatt equivale a mil watts, um megawatt, 1 milhão de watts, e um gigawatt, 1 bilhão de watts. Vemos essas formas sendo usadas com frequência na mídia, então farei o mesmo aqui.

A tabela a seguir mostra algumas comparações aproximadas que me ajudaram a colocar tudo isso em perspectiva.

QUANTA ENERGIA É UTILIZADA?[1]

Mundo	5000 gigawatts
Estados Unidos	1000 gigawatts
Cidade média	1 gigawatt
Cidade pequena	1 megawatt
Média dos domicílios americanos	1 quilowatt

Claro que há bastante variação dentro dessas categorias, ao longo do dia e do ano. Algumas casas usam mais eletricidade que outras. A cidade de Nova York consome mais de doze gigawatts, dependendo da estação; Tóquio, com uma população maior do que Nova York, precisa de algo em torno de 23 gigawatts em média, mas pode demandar mais de cinquenta gigawatts em horários de pico, no verão.

Então vamos supor que você queira abastecer uma cidade

de tamanho médio que necessite de um gigawatt. Não poderia apenas construir uma usina de força de um gigawatt e garantir toda a eletricidade de que a cidade precisa? Não necessariamente. A resposta depende da sua fonte de energia, porque algumas são mais intermitentes que outras. Uma usina nuclear opera 24 horas por dia e é desligada apenas para manutenção e reabastecimento. Mas, como o vento nem sempre sopra e o sol nem sempre brilha, a capacidade efetiva de uma usina eólica ou solar pode ser de 30% ou menos. Em média, elas produzem 30% dos gigawatts necessários. Isso significa que precisamos suplementá-las com outras fontes para obter um fornecimento confiável de um gigawatt.

Dica: sempre que você ouvir "quilowatt", pense em "residência". Gigawatt, pense em "cidade". Cem ou mais gigawatts, pense em "país grande".

4. DE QUANTO ESPAÇO PRECISAMOS?

Algumas fontes de energia ocupam mais espaço que outras. Isso é importante pela razão óbvia de que existe um limite para a quantidade de terra e água disponível. O espaço está longe de ser a única coisa a considerar, claro, mas é significativo, e deveríamos falar sobre isso com mais frequência.

A densidade de potência é o número relevante aqui. É isso o que determina quanta potência pode ser extraída de diferentes fontes para dada quantidade de terra (ou água, se instalamos turbinas eólicas no oceano). A potência é medida em watts por metro quadrado. Abaixo, alguns exemplos:

QUANTA POTÊNCIA PODEMOS GERAR POR METRO QUADRADO?

Fonte de energia	Watts por metro quadrado
Combustíveis fósseis	500-10000
Nuclear	500-1000
Solar*	5-20
Hidrelétrica (barragens)	5-50
Eólica	1-2
Madeira e outras biomassas	Menos de 1

* A densidade de potência da energia solar em teoria pode chegar a 100 watts por metro quadrado, embora ninguém tenha conseguido obter isso ainda.

Note que a densidade de potência da energia solar é consideravelmente maior que a da eólica. Se você quiser usar vento em vez de luz do sol, precisará de muito mais espaço, embora o restante dos requisitos continue o mesmo. Isso não significa que a energia eólica seja ruim e a solar, boa. Significa apenas que há condições diferentes que devem ser levadas em consideração.

Dica: se alguém lhe disser que determinada fonte de energia (eólica, solar, nuclear, qualquer uma) pode fornecer toda a energia de que o mundo precisa, calcule quanto espaço será necessário para produzir essa energia.

5. QUANTO VAI CUSTAR?

O motivo para emitirmos tantos gases de efeito estufa é que — ignorando os danos de longo prazo que acarretam — nossas tecnologias energéticas atuais são de longe a solução mais barata de que dispomos. Assim, mudar nossa imensa economia energética de tecnologias "sujas" emissoras de carbono para tecnologias com emissões zero custará dinheiro.

Quanto? Em alguns casos, esse cálculo pode ser feito de maneira objetiva. Se temos uma fonte suja e uma limpa de coisas equivalentes, basta comparar o preço.

A maioria dessas soluções de carbono zero é mais cara do que suas alternativas de combustível fóssil. Em parte, isso acontece porque os preços dos combustíveis fósseis não refletem os prejuízos ambientais que acarretam, e por isso parecem mais baratos que suas alternativas. (Voltarei aos desafios da precificação do carbono no capítulo 10.) Esses custos adicionais são o que chamo de Prêmios Verdes.*

Sempre que falo sobre mudanças climáticas, levo em conta os Prêmios Verdes. Voltarei a esse conceito repetidas vezes nos próximos capítulos, portanto preciso parar um momento para explicar o que isso significa.

Não existe um único Prêmio Verde. Existem muitos: uns para eletricidade, outros para combustíveis variados, outros para cimento e assim por diante. O tamanho do Prêmio Verde depende do que você está substituindo, e pelo quê. O custo do combustível de carbono zero para aviões, digamos, é diferente do custo da eletricidade gerada por energia solar. Darei um exemplo de como os Prêmios Verdes funcionam na prática.

O preço médio no varejo de um galão de combustível de aviação nos Estados Unidos nos últimos anos é 2,22 dólares. Biocombustíveis avançados para aviões a jato, considerando sua disponibilidade atual, custam em média 5,35 dólares o galão. O Prêmio Verde para combustível de carbono zero, portanto, é a diferença entre esses dois valores, que dá 3,13 dólares. Trata-se de

* Conversei com muita gente sobre o conceito de Prêmio Verde, incluindo os analistas do Rhodium Group, da Evolved Energy Research e o pesquisador do clima Ken Caldeira. Para informações sobre como os Prêmios Verdes são calculados neste livro, visite <breakthroughenergy.org>.

um custo extra de mais de 140%. (Explicarei tudo isso em mais detalhes no capítulo 7.)

Em raros casos, um Prêmio Verde pode ser negativo — ou seja, a solução verde pode ser *mais barata* do que continuar com os combustíveis fósseis. Por exemplo, dependendo de onde você vive, talvez possa economizar dinheiro trocando sua calefação a gás natural e seu ar-condicionado por uma bomba de calor elétrica. Em Oakland, isso abateria 14% dos seus gastos com aquecimento e resfriamento, e em Houston a economia seria de até 17%.

Seria de imaginar que uma tecnologia com Prêmio Verde negativo já fosse adotada pelo mundo. Em grande medida, isso acontece, mas em geral há um descompasso entre a introdução de uma nova tecnologia e seu uso — em especial para coisas como sistemas de calefação domésticos, que não trocamos com muita frequência.

Uma vez estabelecidos os Prêmios Verdes para todas as opções de carbono zero relevantes, podemos começar a conversar seriamente sobre os prós e contras. Quanto estamos dispostos a gastar para ser verdes? Adotaremos biocombustíveis avançados que custam o dobro do combustível de aviação? E o cimento verde, que custa o dobro do convencional?

A propósito, quando pergunto "quanto estamos dispostos a gastar?" me refiro a "nós" num sentido global. Não se trata apenas do que americanos e europeus têm condições de fazer. Pode-se imaginar Prêmios Verdes cujos valores elevados os Estados Unidos estejam dispostos e aptos a bancar, mas Índia, China, Nigéria e México não. Precisamos que o custo extra seja pequeno a ponto de todos serem capazes de descarbonizar.

Admito que os Prêmios Verdes são difíceis de estabelecer. Para estimá-los são feitas muitas suposições; neste livro, fiz as que me pareceram razoáveis, mas outras pessoas bem informadas usariam outros pressupostos e chegariam a outros números. Mais importante do que os preços específicos é saber se determinada tecnologia verde está próxima de ser tão barata quanto sua contrapartida de combustível fóssil e, para as que não estão, pensar em como a inovação poderia baixar seu preço.

Espero que os Prêmios Verdes propostos neste livro sejam o começo de uma conversa mais duradoura sobre os custos de chegar a zero. Espero que outras pessoas façam seus próprios cálculos, e ficaria particularmente feliz em descobrir que alguns não são tão elevados quanto penso. Os valores que calculei neste livro são uma ferramenta imperfeita para comparar custos, mas isso ainda assim é melhor do que nada.

Em particular, os Prêmios Verdes são uma lente fantástica para a tomada de decisões. Eles nos ajudam a fazer melhor uso do nosso tempo, atenção e dinheiro. Analisando todos os custos, podemos decidir quais soluções de carbono zero devemos empregar no presente momento e em quais casos devemos buscar novos avanços porque as alternativas limpas são onerosas demais. Os Prêmios Verdes nos ajudam a responder questões como estas:

> *Que opções de carbono zero deveríamos empregar no momento?* Opções com Prêmio Verde baixo ou sem nenhum custo adicional. Se não estamos empregando essas soluções, é sinal de que o preço não é o motivo. Alguma outra coisa — como políticas públicas ultrapassadas ou falta de conscientização — nos impede de adotá-las em larga escala.
>
> *Onde devemos concentrar os gastos com pesquisa e desenvolvimento, os investimentos iniciais e nossos melhores inventores?* Nos casos em que concluirmos que os Prêmios Verdes são elevados demais. É nesses casos que o custo extra de adotar a solução verde pode nos impedir de descarbonizar — e existe uma abertura para novas tecnologias, empresas e produtos que possam torná-lo mais baixo. Países que se destacam em

pesquisa e desenvolvimento podem criar novos produtos, barateá-los e exportá-los para os lugares que não conseguem arcar com os custos atuais. Assim, ninguém precisará discutir se esse ou aquele país faz a devida parte em evitar o desastre climático; pelo contrário, os países e as empresas disputarão para criar e comercializar inovações acessíveis que ajudem o mundo a chegar a zero.

Há um último benefício no conceito de Prêmio Verde: atuar como um sistema de medidas e nos mostrar o progresso que estamos fazendo para deter as mudanças climáticas.

Nesse sentido, os Prêmios Verdes me lembram um problema com que Melinda e eu nos deparamos quando começamos a trabalhar com assistência à saúde em escala global. Os especialistas sabiam nos informar as taxas anuais de mortalidade infantil, mas eram incapazes de dizer muita coisa sobre a causa dessas mortes. Sabíamos que determinado número de crianças morria de diarreia, mas não sabíamos o que havia provocado esse problema. Como descobrir quais inovações podiam salvar vidas se não sabíamos do que as crianças estavam morrendo?

Assim, trabalhando com diversos parceiros ao redor do mundo, financiamos vários estudos para descobrir a causa das mortes. Por fim, conseguimos monitorá-las de forma bem mais detalhada, e esses dados indicaram o caminho para grandes avanços. Por exemplo, vimos que a pneumonia era responsável por boa parte da mortalidade infantil anual. Embora já existisse uma vacina antipneumocócica, ela era tão cara que os governos dos países pobres não tinham como comprá-la. (Sem falar na falta de incentivo, já que não faziam ideia de quantas crianças morriam da doença.) Mas, assim que os dados foram apresentados — além de doadores que concordaram em pagar pela maior parte dos custos —, esses governos passaram a incluir a imunização em seus programas de saúde, e por fim pudemos financiar uma vacina muito mais barata, que hoje é usada em países no mundo todo.

Os Prêmios Verdes podem fazer algo semelhante pelas emissões de gases de efeito estufa. Eles nos proporcionam uma percepção diferente da quantidade bruta de emissões, que mostra a que distância estamos do zero, mas não oferece nenhuma informação sobre a dificuldade de *chegar lá*. Qual seria o custo de usar as ferramentas de carbono zero que temos hoje? Que inovações causarão maior impacto nas emissões? Os Prêmios Verdes respondem a essas questões, medindo o custo para chegar a zero, setor por setor, e enfatizando em quais deles precisamos inovar — assim como um dia os dados nos mostraram que precisávamos de um grande impulso para desenvolver a vacina contra a pneumonia.

Em alguns casos, como o exemplo do combustível de aviação que mencionei anteriormente, a abordagem direta para estimar os Prêmios Verdes é simples. Mas, quando aplicada de forma mais abrangente, surge um problema: não dispomos de um equivalente verde direto para cada caso. Não existe um cimento de carbono zero (ainda não, pelo menos). Como fazer uma estimativa do custo de uma solução verde nesses casos?

Isso pode ser conseguido por meio de um experimento mental. "Quanto custaria sugar o carbono diretamente da atmosfera?" Essa ideia tem nome — chama-se *captura direta do ar*, também conhecida pela sigla em inglês DAC. (Para resumir, o ar é soprado sobre um dispositivo que absorve dióxido de carbono, e depois o gás é armazenado, por segurança.) A DAC é uma tecnologia cara e está longe de ter sua eficácia comprovada, mas se funcionasse em larga escala nos permitiria capturar dióxido de carbono independentemente de quando e onde fosse produzido. A que existe hoje em operação, na Suíça, absorve o gás que talvez tenha sido ejetado por uma termelétrica a carvão no Texas há dez anos.

Para descobrir quanto custaria essa solução, precisamos de

apenas dois dados: a quantidade de emissões mundiais e o custo de absorver emissões usando a DAC.

A quantidade de emissões já é conhecida: 51 bilhões de toneladas anuais. Quanto ao custo de remover uma tonelada de carbono do ar, ainda não foi determinado com precisão, mas é no mínimo de duzentos dólares por tonelada. Com alguma inovação, acho que podemos alimentar esperanças realistas de baixar para cem dólares a tonelada, então usarei esse número.

Assim, chegamos à seguinte equação:

51 bilhões de toneladas por ano × US$ 100 por tonelada = US$ 5,1 trilhões por ano

Em outras palavras, a abordagem da DAC para resolver o problema climático custaria no mínimo 5,1 trilhões de dólares anuais enquanto produzíssemos emissões. Isso representa cerca de 6% da economia mundial. (É um valor enorme, mas essa tecnologia teórica da DAC na verdade teria um custo bem menor do que o de tentar reduzir as emissões fechando setores da economia, como fizemos durante a pandemia de covid-19. Nos Estados Unidos, segundo dados do Rhodium Group, o custo por tonelada de nossa economia ficou entre 2600 e 3300 dólares. Na União Europeia, foi de mais de 4 mil dólares por tonelada. Em outras palavras, custa de 25 a quarenta vezes mais do que os cem dólares por tonelada que esperamos alcançar um dia.[2])

Como mencionei, a abordagem baseada na DAC é na verdade apenas um experimento mental. Na prática, a tecnologia por trás dela não está pronta para ser empregada em grande escala, e, mesmo que estivesse, seria um método extremamente ineficaz de resolver o problema do carbono no mundo. Não existe a certeza de que poderíamos armazenar centenas de bilhões de toneladas de carbono em segurança. Não existe modo prático de coletar 5,1 trilhões de dólares por ano ou assegurar que todos paguem a parte que lhes cabe (e mesmo definir a parte de cada um seria uma enorme briga política). Precisaríamos construir mais de 50 mil usinas de DAC pelo mundo só para controlar as emissões que produzimos no momento atual. Além do mais, a DAC não funciona com metano ou outros gases de efeito estufa — só com dióxido de carbono. E é provavelmente a solução mais cara — em muitos casos, sai mais barato apenas não emitir gases de efeito estufa.

Mesmo que a DAC pudesse um dia funcionar em escala global — e não se esqueça de que sou um otimista no que se refere a tecnologias —, é quase certo que não pode ser desenvolvida e empregada com rapidez suficiente para impedir graves prejuízos ao ambiente. Infelizmente, não podemos esperar por uma futura tecnologia como a DAC para nos salvar. Temos de começar a fazer isso já.

Dica: quando pensar em Prêmios Verdes, questione se são suficientemente baixos para que países de média renda possam pagar por eles.

Eis um resumo das cinco dicas:

1. Converta toneladas de emissões numa porcentagem de 51 bilhões.
2. Lembre que precisamos encontrar soluções para todas as cinco atividades produtoras de emissões: o que fabricamos, ligamos na tomada, produzimos para comer, transportamos e usamos para aquecer ou resfriar as coisas.
3. Quilowatt = residências. Gigawatt = cidades de tamanho médio. Centenas de gigawatts = países grandes e ricos.
4. Considere o espaço necessário.

5. Tenha sempre em mente os Prêmios Verdes e analise se são baixos o bastante para serem bancados pelos países de média renda.

4. Como ligamos as coisas na tomada
27% de 51 bilhões de toneladas anuais

Temos um caso de amor com a eletricidade, mas a maioria não percebe. A eletricidade é onipresente em nosso mundo, garantindo que a iluminação pública, os aparelhos de ar-condicionado, os computadores e as TVS funcionem o tempo todo. Ela alimenta todo tipo de processos industriais sobre os quais a maioria prefere nem pensar a respeito. Mas, como às vezes acontece na vida, só notamos como ela é importante quando ficamos sem. Nos Estados Unidos, quedas de energia são tão raras que uma pessoa pode se lembrar da única vez em uma década em que houve falta de luz ou ficou presa num elevador.

Nem sempre atentei para nossa enorme dependência da eletricidade, mas, ao longo dos anos, pouco a pouco percebi como ela é essencial. E valorizo muito o que é necessário para operar esse milagre. Na verdade, posso até dizer que reverencio a infraestrutura física toda que torna a eletricidade barata, disponível e confiável. Parece mágica podermos apenas acionar um interruptor em quase qualquer parte de um país rico e dispor de eletricidade por literalmente uma fração de um centavo — nos

Após uma visita com a família ao vulcão Þríhnúkagígur, na Islândia, em 2015, Rory e eu visitamos a usina de energia geotérmica ali perto.

Estados Unidos, uma lâmpada de quarenta watts acesa por uma hora custa cerca de meio centavo.

Não sou o único na família que se sente assim em relação à eletricidade. Meu filho Rory e eu costumávamos visitar usinas de eletricidade por diversão, só para entender como funcionavam.

Fico feliz por ter investido tanto tempo aprendendo sobre eletricidade. Para começar, foi uma ótima atividade entre pai e filho. (Sério.) Além do mais, descobrir como obter todos os benefícios da eletricidade barata e confiável sem emitir gases de efeito estufa é a coisa mais importante que devemos fazer para evitar um desastre climático. Em parte porque a produção de eletricidade é uma das coisas que mais contribui para a mudança climática e também porque, se obtivermos eletricidade de carbono zero, poderemos usá-la para ajudar a descarbonizar várias outras atividades, entre elas o modo como transportamos pessoas e produtos e fabricamos coisas. A energia da qual abriremos mão por não usar carvão, gás natural e petróleo tem de vir de algum lugar — e, na maior parte, virá da eletricidade limpa. Por isso resolvi me debruçar primeiro sobre a eletricidade, ainda que a indústria manufatureira seja responsável por uma quantidade maior de emissões.

Além disso, ainda *mais* pessoas deveriam receber e usar eletricidade. Na África subsaariana, menos da metade da população conta com fornecimento confiável de energia em casa. E, se você não tem acesso à eletricidade, até uma tarefa aparentemente simples, como recarregar o celular, torna-se complicada e cara. Você precisa ir a um estabelecimento qualquer e pagar 25 centavos ou mais para usar a tomada, centenas de vezes mais do que as pessoas gastam nos países desenvolvidos.

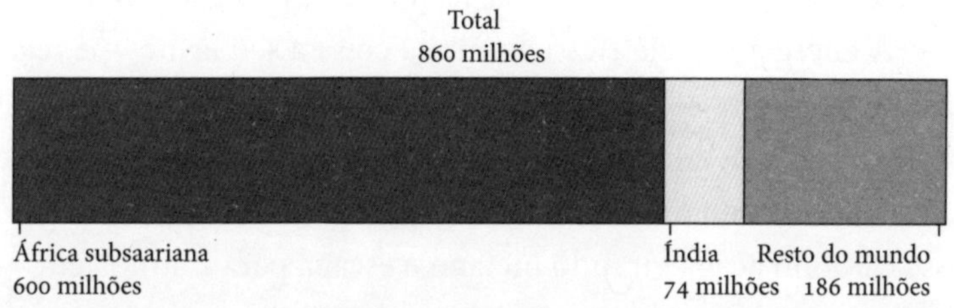

Oitocentos e sessenta milhões de pessoas não têm acesso confiável à eletricidade. Menos de metade da população da África subsaariana é servida pela rede elétrica. (Agência Internacional de Energia)[1]

Não espero que ninguém fique tão empolgado quanto eu com redes de distribuição e transformadores. (Até eu admito que é preciso ser um tremendo nerd para escrever uma frase como "reverencio a infraestrutura física".) Mas acho que, se todo mundo refletisse sobre o que é necessário para prestar um serviço considerado tão trivial, ele seria mais valorizado. E as pessoas perceberiam que ninguém quer abrir mão dele. Sejam quais forem, os métodos utilizados para obter eletricidade de carbono zero no futuro terão de ser tão seguros e quase tão baratos quanto os que usamos hoje.

Neste capítulo quero explicar o que será necessário para continuar a obter tudo o que queremos da eletricidade — uma fonte de energia barata e sempre disponível — e levá-la a ainda mais gente, mas sem as emissões de carbono. A história começa examinando como chegamos aqui e para onde estamos indo.

Considerando que a eletricidade está por toda parte hoje, é fácil esquecer que só se tornou um fator importante na vida da maioria dos americanos algumas décadas após a chegada do século XX. E uma de nossas fontes iniciais de eletricidade não era nenhuma das que vêm primeiro à nossa mente hoje em dia, como carvão, petróleo ou gás natural. Era água, na forma de energia hidrelétrica.

A energia hidrelétrica tem muita coisa a seu favor — é relativamente barata —, mas também tem grandes desvantagens. O represamento desaloja comunidades locais e a vida selvagem. Se há muito carbono no solo de um terreno que cobrimos com água, esse carbono acaba virando metano e escapa para a atmosfera — por isso estudos mostram que, dependendo de onde é construída, a represa pode na verdade ser uma fonte de emissão pior do que o carvão por cinquenta a cem anos antes de compensar todo o metano pelo qual é responsável.* Além do mais, a quantidade

* Esses cálculos foram extraídos de uma avaliação do ciclo de vida das represas. A avaliação do ciclo de vida é um campo de estudo interessante, que envolve documentar todos os gases de efeito estufa que dado produto é responsável por gerar, do tempo que leva para ser produzido até deixar de existir. Essas avaliações são uma forma útil de analisar o impacto climático das várias tecnologias, mas são muito complicadas e, por isso, neste livro, eu me concentrarei nas emissões diretas, que são mais fáceis de explicar e de modo geral levam às mesmas conclusões, no fim das contas.

de eletricidade que se pode gerar com uma represa depende da estação, uma vez que as barragens precisam de rios alimentados por chuvas. E, é claro, a energia hidrelétrica é imóvel. Você tem de construir a represa onde o rio está.[2]

Combustíveis fósseis não têm essa limitação. Podemos extrair carvão, petróleo ou gás natural do solo e transportá-lo para uma usina termelétrica, onde o queimamos, usamos o calor para ferver água e deixamos que o vapor gire uma turbina para produzir eletricidade.

Em razão de todas essas vantagens, quando a demanda por eletricidade nos Estados Unidos disparou após a Segunda Guerra Mundial, a solução foram os combustíveis fósseis. Eles forneceram a maior parte da nova capacidade energética que construímos na segunda metade do século XX — cerca de setecentos gigawatts, quase sessenta vezes mais do que a instalada antes da guerra.

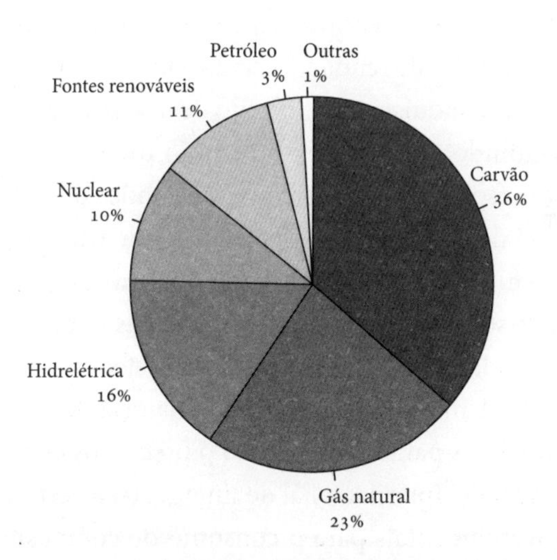

Obter toda a eletricidade mundial de fontes limpas não será fácil. Hoje, os combustíveis fósseis correspondem a dois terços de toda a eletricidade gerada no mundo. (BP Statistical Review of World Energy 2020)[3]

Com o tempo, a eletricidade passou a ser baratíssima. Um estudo revelou que era pelo menos duzentas vezes mais barata em 2000 do que em 1900. Hoje, os Estados Unidos gastam apenas 2% de seu PIB em energia elétrica, um número surpreendentemente baixo se considerarmos nossa extrema dependência dela.[4]

O principal motivo para esse custo tão baixo é que os combustíveis fósseis são baratos. Estão por toda parte, e desenvolvemos maneiras melhores e mais eficientes de extraí-los e transformá-los em eletricidade. Além disso, os governos empreendem considerável esforço para segurar o preço dos combustíveis fósseis e incentivar sua produção.

Nos Estados Unidos, fazemos isso desde os primórdios da República: o Congresso votou a primeira tarifa protecionista americana sobre carvão importado em 1789. No início do século XIX, reconhecendo como o carvão era importante para a indústria ferroviária, os estados começaram a isentá-lo de determinados impostos e a estabelecer outros incentivos para sua produção. Depois que o imposto de renda foi criado, em 1913, os produtores de petróleo e gás conquistaram o direito de deduzir determinadas despesas, incluindo custos de extração. No total, essas despesas com impostos representaram cerca de 42 bilhões de dólares (em valores atuais) de auxílio para os produtores de carvão e gás natural de 1950 a 1978, e continuam a integrar nossa lei tributária hoje.[5] Além disso, os produtores de carvão e gás se beneficiam de termos de arrendamento favoráveis em terras federais.

Os Estados Unidos não estão sós. A maioria dos países adota diversas medidas para manter baixo o preço dos combustíveis fósseis — a Agência Internacional de Energia (IEA) estima que os subsídios governamentais para o consumo de combustíveis fósseis totalizaram 400 bilhões de dólares em 2018 —, o que ajuda a explicar por que eles são uma parte integrante de nosso suprimento de energia.[6] A parcela da energia global derivada da quei-

Este folheto, mostrando uma instalação de beneficiamento de carvão em Connellsville, Pensilvânia, data de aproximadamente 1900.

ma de carvão (cerca de 40%) não mudou em trinta anos. O petróleo e o gás natural juntos respondem por cerca de 26% há três décadas. No total, os combustíveis fósseis fornecem dois terços da eletricidade mundial. A energia solar e a eólica, enquanto isso, correspondem a 7%.

Em meados de 2019, o equivalente a 236 gigawatts de usinas a carvão estava sendo construído no mundo todo; carvão e gás natural são hoje os combustíveis mais usados nos países desenvolvidos, onde a demanda saltou à estratosfera nas últimas décadas. Entre 2000 e 2018, a China triplicou a quantidade de energia a carvão que utiliza. Isso é mais do que Estados Unidos, México e Canadá são capazes de gerar juntos!

Podemos virar esse jogo e gerar toda a eletricidade de que precisamos sem nenhuma emissão de gases de efeito estufa?

Depende do que você entende por "nós". Os Estados Unidos podem chegar bem perto, com as políticas corretas para expandir a energia eólica e solar ao lado de um grande empurrão para inovações específicas. Mas será que o mundo inteiro pode obter eletricidade de carbono zero? Isso vai ser bem mais difícil.

Vamos começar pelos Prêmios Verdes para eletricidade nos Estados Unidos. É de fato uma boa notícia: podemos eliminar nossas emissões pagando apenas um modesto Prêmio Verde.

No caso da eletricidade, o prêmio é o custo adicional de obter toda a nossa energia de fontes limpas, incluindo eólica, solar, nuclear e usinas a carvão e gás natural equipadas com dispositivos que capturem o carbono produzido. (Lembre que o objetivo não é apenas usar fontes renováveis, como energia eólica e solar, e sim chegar a emissões zero. É por isso que estou incluindo essas outras opções de carbono zero.)

De quanto é esse prêmio? Mudar todo o sistema de eletricidade americano para fontes de carbono zero elevaria o preço médio no varejo entre 1,3 e 1,7 centavo por quilowatt-hora, grosso modo, 15% a mais do que a maioria gasta hoje. Isso resulta em um Prêmio Verde de dezoito dólares mensais para a média dos lares americanos — bastante acessível para a maioria das pessoas, embora possivelmente não para cidadãos de baixa renda, que já gastam um décimo de sua renda com energia.

(Você já deve estar familiarizado com o quilowatt-hora se paga uma conta de luz, porque é assim que somos cobrados pela eletricidade residencial. Mas, caso esteja em dúvida, quilowatt-hora é a unidade de energia usada para medir quanta eletricidade usamos em determinado intervalo. Se consumimos um quilowatt em uma hora, utilizamos um quilowatt-hora. Um domicílio americano típico usa 29 quilowatts-horas por dia. Em média, considerando todo tipo de consumidores e regiões dos Estados Unidos, um quilowatt-hora de eletricidade custa em torno de dez centavos, embora em alguns lugares possa ser mais do que o triplo disso.)

É ótimo que o Prêmio Verde americano possa ser tão baixo. A Europa também vive situação similar — um estudo de uma associação comercial europeia sugeriu que a descarbonização de sua rede elétrica em 90% a 95% elevaria as tarifas médias em cerca de 20%. (O estudo se valeu de uma metodologia diferente da que usei para estimar o Prêmio Verde americano.)[7]

Infelizmente, poucos países têm tanta sorte. Os Estados Unidos contam com grande suprimento de energias renováveis, incluindo hidrelétrica no Noroeste Pacífico, eólica no Meio-Oeste e solar durante o ano todo no Sudoeste e na Califórnia. Outros países talvez tenham um pouco de sol, mas não têm vento, ou têm vento mas pouco sol durante o ano, ou não muita coisa de um e do outro. E talvez tenham scores baixos em classificações de risco de crédito, o que dificulta grandes investimentos em novas usinas de energia.

A situação mais difícil é na África e na Ásia. Nas últimas décadas, a China realizou um dos maiores feitos da história — tirando centenas de milhões de pessoas da pobreza —, e fez isso em parte construindo usinas elétricas a carvão muito baratas. Empresas chinesas derrubaram o custo de uma termelétrica a carvão em incríveis 75%. E agora, como era de esperar, querem mais clientes, e assim montaram uma grande estratégia para atrair a nova onda de países em desenvolvimento: Índia, Indonésia, Vietnã, Paquistão e nações por toda a África.

O que esses potenciais novos clientes farão? Construirão usinas a carvão ou optarão por energia limpa? Considere suas metas e opções. Energia solar em pequena escala pode ser uma alternativa para pessoas em áreas rurais pobres que precisam recarregar seus celulares e ter luz à noite. Mas esse tipo de solução nunca vai proporcionar as quantidades imensas de eletricidade barata e permanentemente disponível de que esses países precisam para dar um empurrão inicial em suas economias. Eles procuram fazer como a China: desenvolver suas economias atraindo setores econômicos como o da indústria de manufatura e o dos call centers — negócios que exigem muito mais eletricidade (e muito mais confiável) do que as fontes renováveis em pequena escala são capazes de produzir hoje em dia.

Se esses países optarem por usinas a carvão, como a China e os países ricos fizeram, será um desastre para o clima. Mas, no momento, é a opção mais econômica.

De imediato, a existência de uma coisa como um Prêmio Verde não é tão óbvia, para começo de conversa. Usinas a gás natural precisam comprar combustível para operarem; fazendas solares e eólicas e represas obtêm seu combustível sem pagar. Além disso, há a crença comum de que a tecnologia se torna mais barata à medida que ampliamos sua escala de produção. Sendo assim, por que há um custo extra em tudo que é verde?

Um dos problemas é que os combustíveis fósseis são muito baratos. Como seu preço não é levado em conta no custo real das mudanças climáticas — o prejuízo econômico gerado por deixarem o planeta mais quente —, dificilmente as fontes de energia limpa conseguem competir com eles. E passamos muitas décadas construindo um sistema para extrair combustíveis fósseis do solo, gerar e distribuir energia a partir deles, tudo bem barato.

Outro motivo é que, como mencionei antes, algumas regiões do mundo simplesmente não têm bons recursos renováveis em quantidade suficiente. Para chegar perto de 100%, teríamos de transportar uma boa quantidade de energia limpa de onde ela é produzida (regiões ensolaradas, de preferência perto da linha do equador, e com muito vento) para os locais onde é necessária (com pouco vento ou sol). Isso exigiria construir novas linhas de transmissão, uma tarefa custosa e que demanda tempo — sobretudo se envolve atravessar fronteiras nacionais —, e quanto mais linhas de energia instalamos, mais seu preço sobe. Inclusive, transmissão e distribuição são responsáveis por mais de um terço do custo final da eletricidade.* E muitos países não querem depender de outros para seu fornecimento de eletricidade.

Mas o petróleo barato e as linhas de transmissão caras não são os maiores responsáveis pelo Prêmio Verde na geração de eletricidade. Os principais culpados são nossa exigência de confiabilidade e a praga da intermitência.

O sol e o vento são fontes intermitentes — não geram eletricidade 24 horas por dia, 365 dias por ano. Mas não é o caso de nossas necessidades energéticas: queremos energia o tempo todo. Assim, se a energia solar e a eólica representarem boa parte de nosso mix energético e quisermos evitar grandes interrupções no fornecimento, precisaremos de outras opções para a falta de sol ou de vento. Teremos de armazenar o excesso de eletricidade em baterias (algo cujo custo é proibitivo, como veremos) ou complementar a geração com outras fontes de energia obtidas a partir de combustíveis fósseis, como usinas a gás natural, que operem apenas quando necessário. Seja como for, a matemática não nos favorece. Quanto mais próximos estivermos de 100% da eletricidade limpa, a intermitência se tornará um problema maior e mais dispendioso.

O exemplo mais óbvio de intermitência é quando anoitece, interrompendo nosso suprimento de eletricidade gerada por energia

* Pense na transmissão como uma rodovia e na distribuição como uma rua. Usamos linhas de transmissão de alta-tensão para levar a eletricidade da usina à cidade. Depois a eletricidade chega ao sistema de distribuição local, de baixa voltagem — os cabos que percorrem nossos bairros.

solar. Vamos supor que tentemos resolver esse problema pegando um quilowatt-hora de eletricidade excedente gerada durante o dia e o armazenando e usando à noite. (Você precisaria de muito mais que isso, mas falo em termos de um quilowatt-hora para facilitar o cálculo.) Quanto isso acrescentaria à nossa conta de luz?

Isso depende de dois fatores: quanto custa a bateria e quanto ela dura antes de precisar ser trocada. Em termos de custo, digamos que seja possível comprar uma bateria de um quilowatt-hora por cem dólares. (Essa é uma estimativa conservadora, e vou ignorar por ora o que acontece se precisamos fazer um empréstimo para adquirir a bateria.) Quanto à duração, vamos presumir que a bateria seja capaz de suportar mil ciclos de carga e descarga.

Assim, o custo capital dessa bateria de um quilowatt-hora será cem dólares distribuídos por mil ciclos, resultando em dez centavos por quilowatt-hora. Isso fora o custo de gerar a energia, antes de mais nada, que nesse caso é algo em torno de cinco centavos por quilowatt-hora. Em outras palavras, a eletricidade que armazenamos para uso noturno custará *três vezes mais* do que a consumida durante o dia — cinco centavos para geração e dez centavos para armazenamento, totalizando quinze centavos.

Conheço alguns pesquisadores que acreditam ser possível produzir uma bateria capaz de durar cinco vezes mais do que a descrita aqui. Ainda não chegaram lá, mas, se tiverem razão, isso baixaria o custo extra de dez centavos para dois centavos, um prêmio bem mais modesto. Em todo caso, o problema noturno é solucionável hoje se estivermos dispostos a pagar um grande prêmio, e com inovação estou confiante de que podemos reduzi-lo.

Infelizmente, a intermitência noturna não é o problema mais difícil a enfrentar. A variação sazonal entre verão e inverno é um obstáculo ainda maior. Há várias maneiras de tentar lidar com isso — como a suplementação com energia de uma usina nuclear ou de uma termelétrica a gás equipada com um dispositivo que armazena suas emissões — e qualquer cenário realista incluirá essas opções. Tratarei disso mais adiante neste capítulo, mas, para simplificar, por ora só usarei baterias para ilustrar o problema da variação sazonal.

Digamos que temos a intenção de armazenar somente um quilowatt-hora não por um dia, mas durante toda uma estação. Vamos gerá-lo no verão e usá-lo no inverno para alimentar um aquecedor de ambiente. Dessa vez, o ciclo de vida da bateria não é um empecilho, uma vez que só a carregamos uma vez por ano.

Mas suponha que seja necessário financiar a compra da bateria. Agora empenhamos cem dólares em capital. (Obviamente ninguém faria um financiamento de uma bateria de cem dólares, mas você precisaria de um se comprasse a quantidade de baterias necessária para armazenar muitos gigawatts. E a lógica é a mesma.) Se pagamos 5% de juros sobre o capital, e a bateria custa cem dólares, é um custo adicional de cinco dólares para armazenar nosso único quilowatt-hora. E não se esqueça de quanto estamos pagando pela energia solar durante o dia: apenas cinco centavos. Quem gastaria cinco dólares para armazenar o equivalente a cinco centavos de eletricidade?

A intermitência sazonal e o custo elevado de armazenagem causam mais um problema, especialmente para os grandes usuários de energia solar — o problema da supergeração no verão e da subgeração no inverno.

Como o eixo da Terra é inclinado, a quantidade de luz solar que atinge determinada parte do planeta varia durante as quatro estações, assim como sua intensidade. O grau de variação depende da distância do equador. Na linha do equador, na prática não há mudança nenhuma. Nos arredores de Seattle, onde moro, o dia mais longo do ano recebe mais ou menos o dobro de luz do sol que o dia mais curto. Partes do Canadá e da Rússia recebem cerca de doze vezes mais.*

Para perceber como essa variação é significativa, vamos fazer outro experimento mental. Imagine uma cidade fictícia perto de Seattle — vamos chamá-la de Suntown — que quer gerar um gigawatt de energia solar o ano todo. Que tamanho precisa ter a fazenda solar de Suntown?

Uma opção seria instalar painéis suficientes para produzir um gigawatt durante o verão, quando há luz solar em abundância. Mas a cidade sofreria no inverno, quando haveria apenas metade da luz solar. Eis a subgeração. (E como os vereadores sabiam que o armazenamento é caro demais, rejeitaram as baterias.) Por outro lado, Suntown poderia comprar os painéis solares a mais de que precisasse para os dias curtos e escuros do inverno, mas depois, quando o verão chegasse, geraria muito mais do que o necessário. A eletricidade seria tão barata que a cidade se sentiria pressionada a recuperar os gastos da instalação de todos aqueles painéis.

Suntown poderia lidar com esse problema de supergeração desligando parte dos painéis durante o verão, mas nesse caso estaria desperdiçando dinheiro num equipamento que só é usado em parte do ano. Isso elevaria ainda mais o custo da eletricidade para todos os domicílios e estabelecimentos da cidade; em outras palavras, aumentaria seu Prêmio Verde.

A situação de Suntown não é um mero exemplo hipotético. Algo similar acontece na Alemanha, que com seu ambicioso programa Energiewende determinou uma meta de 60% em energias renováveis até 2050. O país gastou bilhões de dólares na última

* O vento também tem variação sazonal. Nos Estados Unidos, a geração de energia eólica tende a atingir seu pico na primavera e seu ponto mais baixo entre meados e fim do verão (embora aconteça o contrário na Califórnia). A diferença pode ser um múltiplo de dois a quatro.

década expandindo o uso de energias renováveis, aumentando sua capacidade solar em quase 650% entre 2008 e 2010. Mas a Alemanha produziu cerca de dez vezes mais energia solar em junho de 2018 do que em dezembro de 2018.[8] Na verdade, em certos períodos durante o verão, as usinas solares e eólicas alemãs geram mais eletricidade do que o país consegue usar. Quando isso acontece, acabam mandando parte do excedente para as vizinhas Polônia e República Tcheca, cujos governantes se queixaram de sobrecargas em suas redes elétricas e oscilações imprevisíveis no custo de sua eletricidade.[9]

Há outro problema provocado pela intermitência, ainda mais difícil de resolver que a variação diária ou sazonal. O que acontece quando um evento extremo força uma cidade a sobreviver por vários dias sem nenhuma fonte de energia renovável?

Imagine um futuro em que toda a eletricidade de Tóquio venha exclusivamente da energia eólica. (E o Japão de fato dispõe de bastante vento, tanto em seu litoral como ao longo da costa.) Em um dia de agosto, no auge da temporada de ciclones, chega uma terrível tempestade. Os ventos são tão fortes que as turbinas se partirão ao meio se não forem desligadas. Os responsáveis decidem desligar as turbinas e se virar apenas com a eletricidade armazenada nas melhores baterias de larga escala que forem capazes encontrar.

A questão é a seguinte: quantas baterias seriam necessárias para abastecer Tóquio por três dias, até que a tempestade passe e as turbinas possam ser religadas?

Resposta: mais de 14 milhões de baterias. Trata-se de uma capacidade de armazenamento maior do que o mundo consegue produzir numa década. Preço de compra: 400 bilhões de dólares. Tirando a média pelo tempo de vida útil das baterias, trata-se de uma despesa anual de mais de 27 bilhões de dólares.* E isso é apenas o custo das baterias; não inclui outras despesas, como instalação e manutenção.

Mas o exemplo aqui é inteiramente hipotético. Ninguém de fato pensa que Tóquio deveria obter toda sua eletricidade da energia eólica ou armazená-la em baterias. A ideia é ilustrar uma questão crucial: armazenar eletricidade em larga escala é complicadíssimo e caríssimo, mas teremos de fazer isso se vamos depender de fontes intermitentes para gerar uma porcentagem significativa da eletricidade limpa que consumiremos nos próximos anos.

E vamos precisar de *muito* mais eletricidade limpa daqui para a frente. A maioria dos especialistas concorda que, à medida que passamos a usar energia em outros processos geradores de carbono como fabricar aço e usar carros, o suprimento de eletricidade mundial deverá duplicar ou mesmo triplicar até 2050. E isso nem leva em consideração o crescimento populacional ou o fato de que as pessoas ficarão mais ricas e consumirão mais energia. Assim, o mundo precisará de muito mais do que o triplo da eletricidade que se gera hoje.

Como a energia solar e a eólica são intermitentes, nossa *capacidade* de gerar eletricidade precisará crescer ainda mais. (Capacidade diz respeito a quanta eletricidade somos capazes de produzir em teoria, quando o sol está brilhando ao máximo ou o vento soprando mais forte; geração é quanto obtemos de fato após contabilizar a intermitência, o desligamento de usinas para manutenção e outros fatores. A geração sempre é menor do que

* O cálculo para chegar a esses números foi o seguinte: entre 6 e 8 de agosto de 2019, Tóquio consumiu 3122 gigawatts-hora de eletricidade. Como energia de carga de base, presumi 5,4 milhões de baterias de fluxo de ferro com uma vida útil de vinte anos e custo unitário de 36 mil dólares. Para a demanda de pico, presumi 9,1 milhões de baterias de íon de lítio com vida útil de dez anos e custo por unidade de 23 300 dólares.

a capacidade e, no caso de fontes variáveis como solar e eólica, pode ser consideravelmente menor.)

Com toda a eletricidade adicional que usaremos, e presumindo que a energia eólica e a solar desempenhem um papel significativo, para descarbonizar por completo a rede elétrica americana até 2050 será necessário acrescentar cerca de 75 gigawatts anuais de capacidade pelos próximos trinta anos.

Isso é muito? Na última década, adicionamos uma média de 22 gigawatts anuais. Agora precisamos instalar mais do que o triplo disso todo ano e manter o ritmo pelas próximas três décadas.

Esse processo será um pouco mais fácil à medida que tornarmos os painéis solares e as turbinas eólicas cada vez mais baratos e eficientes — ou seja, conforme forem inventadas maneiras de obter cada vez mais energia de dada quantidade de luz solar ou de vento. (Os melhores painéis solares atuais convertem menos de um quarto da luz solar em eletricidade, e o limite teórico para o tipo mais comum de painéis disponíveis no mercado é de cerca de 33%.) À medida que essas taxas de conversão subirem, poderemos obter mais energia por uma mesma quantidade de terreno, o que ajudará quando essas tecnologias forem empregadas de forma mais ampla.

No entanto, painéis e turbinas mais eficientes não bastam, porque há uma enorme diferença entre o parque industrial construído pelos Estados Unidos no século XX e o que precisamos fazer no século XXI. A localização será mais importante do que nunca.

Desde o início, as fornecedoras de redes elétricas instalaram a maioria das usinas perto das cidades americanas em rápida expansão, porque era relativamente fácil usar ferrovias e oleodutos para transportar os combustíveis fósseis de onde eram extraídos até as usinas onde seriam queimados para produzir eletricidade. Como resultado, a rede elétrica americana depende de ferrovias e oleodutos para transportar combustíveis por longas distâncias até as usinas e de linhas de transmissão para levar a eletricidade por curtas distâncias para as cidades.

Esse modelo não funciona com energia solar e eólica. Não podemos transportar luz solar em um vagão de trem até a usina; ela tem de ser convertida em eletricidade no local. No entanto, a maior parte do suprimento solar dos Estados Unidos fica no Sudoeste e a maior região de fonte eólica são as Grandes Planícies, distantes de muitos dos principais centros urbanos.

Em suma, a intermitência é a principal força que empurra o custo para cima quando pensamos em usar apenas eletricidade de carbono zero. Por isso, cidades ecologicamente corretas ainda suplementam a energia solar e a eólica com outras formas de geração, como termelétricas a gás natural capazes de adequar a produção para atender à demanda — e as usinas para atender picos de demanda não têm nada de carbono zero.

Só para ficar claro: fontes de energia variáveis como a solar e a eólica podem desempenhar um papel substancial para nos conduzir a zero. Na verdade, *é necessário que isso aconteça.* Deveríamos empregar sem demora o uso de energias renováveis onde quer que seja economicamente viável. É impressionante como o custo da energia solar e da eólica caiu na última década: as células solares, por exemplo, ficaram quase dez vezes mais baratas entre 2010 e 2020, e o preço de um kit de energia solar diminuiu 11% só no ano de 2019. Boa parte dessas reduções se deve ao fato de que aprendemos fazendo — quanto mais produzimos determinada coisa, mais eficientes naquilo nos tornamos.

Precisamos remover as barreiras que nos impedem de tirar o máximo proveito das fontes renováveis. Por exemplo, é natural pensar que a rede elétrica americana seja toda conectada, mas, na realidade, não é nada disso. Não existe uma rede elétrica única, e sim muitas, uma colcha de retalhos que em essência impossibilita mandar a eletricidade para fora da região onde é produzida.

O Arizona pode vender sua energia solar excedente para estados vizinhos, mas não para o outro lado do país.

Poderíamos resolver esse problema espalhando pelo território nacional milhares de quilômetros de linhas de transmissão especiais de longa distância, levando a chamada corrente de alta voltagem. A tecnologia já existe; na verdade, os Estados Unidos possuem algumas dessas linhas instaladas. (A maior vai do estado de Washington à Califórnia.) Mas os obstáculos políticos para uma modernização em larga escala de nossa rede elétrica são consideráveis.

Pense só em quantos proprietários de terras, companhias de serviços públicos e governos locais e estaduais precisaríamos reunir para construir linhas capazes de transportar eletricidade desde o Sudoeste até os consumidores na Nova Inglaterra. Só a escolha das rotas e a determinação dos direitos de uso do solo já seriam uma tarefa hercúlea — afinal, as pessoas tendem a torcer o nariz quando você quer passar uma enorme linha de transmissão pelo meio de um parque local.

A construção do TransWest Express, um projeto de levar energia eólica do Wyoming à Califórnia e ao Sudoeste, está programada para começar em 2021. Ele deve entrar em funcionamento em 2024 — cerca de dezessete anos após o início de seu planejamento.

Mas se conseguíssemos fazer isso seria transformador. Estou financiando um projeto para construir um modelo computadorizado de todas as redes elétricas que abastecem os Estados Unidos. Com esse modelo, os especialistas estudaram o que precisaria ser feito para que todos os estados da região Oeste atinjam a meta da Califórnia de que 60% de sua energia seja renovável até 2030 e para que todos os estados do Leste cumpram a meta do estado de Nova York para o mesmo ano de obter 70% de sua energia a partir de fontes limpas. Eles descobriram que não existe como os demais estados fazerem isso sem otimizar sua rede elétrica. O modelo também mostrou que soluções regionais e federais para a questão da transmissão — em vez de deixar que cada estado se vire sozinho com o problema — permitiriam a todos os estados atender às metas de redução de emissões com um uso 30% menor de energias renováveis. Em outras palavras: economizaremos dinheiro construindo fontes renováveis nas melhores localizações, criando uma rede elétrica nacional e enviando elétrons de emissões zero para onde quer que sejam necessários.*

Nos próximos anos, à medida que a eletricidade passar a ser um componente ainda maior de nosso consumo energético geral, precisaremos de modelos como esse para redes em todo o mundo. Eles nos ajudarão a responder a questões como: que combinação de fontes de energia limpas será a mais eficaz em determinado local? Para onde devem ir as linhas de transmissão? Quais regulamentações podem atrapalhar e quais incentivos precisamos criar? Espero ver muito outros projetos como esse.

Há também mais um complicador: conforme nossas casas dependerem menos de combustíveis fósseis, porém consumirem mais eletricidade (por exemplo, para abastecer carros elétricos e ficar aquecidas no inverno), precisaremos modernizar a infraestrutura que leva o fornecimento a cada domicílio — no mínimo, dobrar a capacidade, e em muitos casos até mais do que isso. Teremos de escavar incontáveis ruas e subir em muitos postes para instalar cabos, transformadores e outros equipamentos de maior parte. Assim, quase toda comunidade vai sentir a mudança na pele, e o impacto político se dará no âmbito local.

A tecnologia talvez seja capaz de ajudar a superar parte das barreiras políticas envolvidas nessas modernizações. Por exemplo, linhas de transmissão subterrâneas nos poupam da poluição visual. Mas fazer isso hoje eleva o custo em cinco a dez vezes.

* Este projeto está disponível on-line para o público. Ver <breakthroughenergy.org> para mais informações.

(O problema é o calor: os cabos aquecem quando a eletricidade passa por eles. Isso não tem importância quando são aéreos — o calor se dissipa —, mas, sob o solo, o calor não tem aonde ir. Se a temperatura sobe demais, a fiação derrete.) Algumas empresas estão trabalhando numa nova geração de linhas de transmissão, capazes de eliminar o problema do aquecimento e diminuir de forma significativa o custo das linhas subterrâneas.

Empregar as energias renováveis atuais e aperfeiçoar a transmissão é de suma importância. Se não modernizarmos significativamente nossa rede e, em vez disso, deixarmos que cada região lide sozinha com o problema, o Prêmio Verde pode não ser de 15% a 30% — e sim de 100% ou mais. A menos que utilizemos grande quantidade de energia nuclear (de que falarei na próxima seção), todos os caminhos para a emissão zero nos Estados Unidos exigirão a instalação do máximo de energia eólica e solar que pudermos construir em todo espaço disponível. É difícil dizer ao certo qual proporção da eletricidade americana acabará vindo de fontes renováveis, mas sabemos que até 2050 temos de construí-las com muito mais rapidez — entre cinco a dez vezes mais depressa — do que no momento.

E lembre que a maioria dos países não tem tanta sorte quanto os Estados Unidos no que diz respeito a recursos solares e eólicos. O fato de podermos sonhar em gerar ampla porcentagem de nossa energia a partir de fontes renováveis não é a regra, e sim a exceção. Por isso, mesmo empregando cada vez mais luz solar e vento, o mundo precisará de novas invenções também em eletricidade limpa.

Já existem muitas ótimas pesquisas em andamento. Uma das coisas de que mais gosto no que faço é a oportunidade de conhecer cientistas e empreendedores importantes e aprender com eles.

Ao longo dos anos, graças a meus investimentos na Breakthrough Energy e em outros lugares, aprendi sobre os possíveis avanços capazes de trazer a revolução de que precisamos para chegar às emissões zero em eletricidade. As ideias estão em estágios variados de desenvolvimento; algumas, relativamente amadurecidas e bem testadas, enquanto outras, para ser sincero, parecem loucura. Mas não podemos ter medo de apostar em ideias malucas. É o único modo de garantir ao menos algumas grandes inovações.

GERAÇÃO DE ELETRICIDADE LIVRE DE CARBONO

Fissão nuclear. Eis a grande vantagem da energia nuclear: é a única fonte energética livre de carbono capaz de fornecer eletricidade confiável noite e dia, em todas as estações do ano, praticamente em qualquer lugar da Terra, que se mostrou capaz de funcionar em larga escala.

Nenhuma outra fonte de energia limpa chega perto do que a energia nuclear nos oferece hoje. (Estou falando aqui de fissão nuclear — o processo de gerar energia dividindo átomos. Falarei sobre sua contrapartida, a fusão nuclear, na próxima seção.) Os Estados Unidos geram cerca de 20% de sua eletricidade em usinas nucleares; a França apresenta a maior proporção mundial, obtendo 70% de sua eletricidade a partir da energia nuclear. Lembre que as energias solar e eólica combinadas, por sua vez, fornecem cerca de 7% da energia elétrica gerada no mundo todo.

E é difícil prever um futuro em que descarbonizaremos nossa rede elétrica a custos acessíveis sem o uso de mais energia nuclear. Em 2018, pesquisadores do Massachusetts Institute of Technology (MIT) analisaram quase mil possibilidades para chegar à emissão zero nos Estados Unidos; todos os caminhos mais baratos envolviam o uso de uma fonte de energia limpa e permanentemente disponível — como a energia nuclear. Sem uma fonte desse tipo, chegar à eletricidade de carbono zero custaria bem mais.

As usinas nucleares também são a melhor opção quando se trata do uso eficiente de materiais como cimento, aço e vidro. O gráfico a seguir mostra quanto material é necessário para gerar uma unidade de eletricidade de várias fontes:

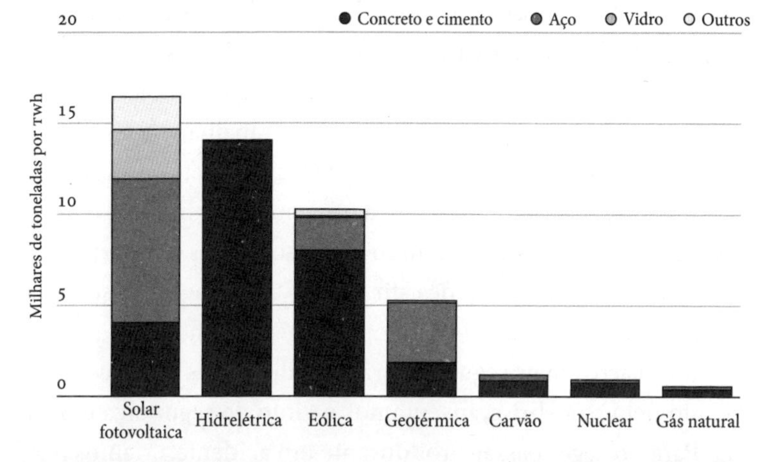

Quanto material é necessário para construir e operar uma usina de energia? Depende do tipo de usina. A energia nuclear é a mais eficiente, usando muito menos materiais por unidade de eletricidade gerada do que outras fontes. (Departamento de Energia dos Estados Unidos)[10]

Viu como a coluna de energia nuclear é baixinha? Significa que estamos obtendo muito mais energia por quilo de material usado na construção e operação da usina. É algo muito importante a considerar, tendo em vista todos os gases de efeito estufa emitidos quando produzimos esses materiais. (Ver próximo capítulo para mais detalhes sobre isso.) E esses números não levam em conta o fato de que as fazendas de energia solar e eólica em geral necessitam de mais espaço do que as usinas nucleares e geram energia apenas em 25% a 40% do tempo, em comparação com os 90% da energia nuclear. Assim, a diferença é ainda mais superlativa do que mostra o gráfico.

Não é segredo que a usina nuclear tem seus problemas. É muito cara de ser construída atualmente. Erros humanos causam acidentes. O urânio, combustível empregado, pode ser convertido para uso em armamentos. O resíduo radioativo é perigoso e complicado de armazenar.

Acidentes famosos em Three Mile Island, nos Estados Unidos, Tchernóbil, na antiga União Soviética, e Fukushima, no Japão, chamaram a nossa atenção para esses riscos. Problemas reais levaram a esses desastres, mas, em vez de trabalhar para solucioná-los, simplesmente paramos de tentar fazer o setor progredir.

Imagine se todos chegassem a um consenso um dia e dissessem: "Ei, os carros estão matando as pessoas. Eles são perigosos. Vamos parar de dirigir e desistir desses automóveis". Isso seria ridículo, claro. Fizemos o exato oposto: usamos a inovação para tornar os carros mais seguros. Para impedir que as pessoas saiam voando pelo para-brisa, inventamos o cinto de segurança e o air bag. Para proteger passageiros durante um acidente, criamos materiais mais seguros e designs melhores. Para proteger pedestres em estacionamentos, instalamos câmeras de ré.

A energia nuclear mata muito menos gente do que os carros. Aliás, mata muito menos gente do que qualquer combustível fóssil.

Mesmo assim, deveríamos aperfeiçoá-la, da mesma forma como fizemos com os carros, analisando os problemas um por um e nos propondo a resolvê-los com inovação.

Os cientistas e os engenheiros apresentam várias soluções. Estou muito otimista com a solução criada pela TerraPower, empresa que fundei em 2008, unindo algumas das melhores cabeças na física nuclear e na produção de modelos computacionais para projetar um reator nuclear de última geração.

Como ninguém nos deixaria construir reatores experimentais no mundo real, montamos um laboratório de supercomputadores em Bellevue, no estado de Washington, onde a equipe realiza simulações digitais com diferentes projetos de reatores. Acreditamos ter criado um modelo capaz de resolver todos os principais problemas por meio de um design chamado reator de onda em movimento.

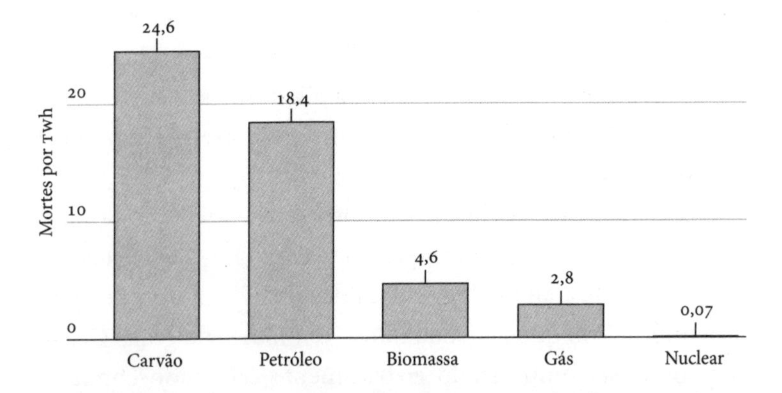

A energia nuclear é perigosa? Não se levarmos em conta o número de mortes causadas por unidade de eletricidade, como mostra o gráfico. Os números aqui cobrem todo o processo de geração de energia, desde a extração dos combustíveis até sua transformação em eletricidade, bem como os problemas ambientais que causam, como poluição do ar. (Our World in Data)[11]

Um reator da TerraPower poderia funcionar com muitos tipos diferentes de combustível, incluindo resíduos de outras instalações nucleares. Ele produziria muito menos resíduos do que as usinas atuais, seria inteiramente automatizado — eliminando a possibilidade de erro humano — e poderia ser construído no subsolo, como segurança contra atentados. Por fim, o design seria inerentemente seguro, usando recursos inovadores para controlar a reação nuclear; por exemplo, o combustível radioativo ficaria contido em pinos que se expandem caso esquentem demais, retardando a reação nuclear e impedindo o superaquecimento. Os acidentes seriam evitados literalmente pelas leis da física.

Ainda estamos a anos de uma inovação revolucionária em usinas. No momento, o projeto da TerraPower só existe em nossos supercomputadores; para construir nosso primeiro protótipo, estamos trabalhando em conjunto com o governo americano.

Fusão nuclear. Existe outro método completamente diferente de gerar energia nuclear que é bastante promissor, mas ainda está a pelo menos uma década de fornecer eletricidade para o consumidor. Em vez de obter energia dividindo átomos, como na fissão, a ideia é provocar colisões entre eles, fazendo com que se fundam uns com os outros.

A fusão se baseia no mesmo processo básico que origina a energia solar. Começamos aquecendo um gás — a maioria das pesquisas utiliza alguns tipos de hidrogênio — a uma temperatura muitíssimo quente, acima dos 50 milhões de graus Celsius, enquanto está num estado eletricamente carregado conhecido como plasma. A essas temperaturas, as partículas se movem tão rápido que colidem entre si e se fundem, como os átomos de hidrogênio no Sol. Quando as partículas de hidrogênio se fundem, transformam-se em hélio e, no processo, liberam uma alta carga de energia, que pode ser usada para gerar eletricidade. (Os cientistas utilizam vários modos de conter o plasma; os métodos mais comuns usam ímãs poderosos ou lasers.)

Embora ainda esteja em fase experimental, a fusão é uma grande promessa. Por funcionar à base de elementos facilmente disponíveis, como hidrogênio, o combustível seria barato e abundante. O principal tipo de hidrogênio que costuma ser usado na fusão pode ser extraído da água do mar, que existe em quantidade suficiente para atender às necessidades mundiais por muitos milhares de anos. Os resíduos da fusão seriam radioativos por centenas de anos, e não por centenas de milhares de anos, como o resíduo de plutônio e de outros elementos resultantes, e num nível bem mais baixo — seriam mais ou menos tão perigosos quanto o resíduo hospitalar radioativo. Não existe o perigo de uma reação em cadeia descontrolada, porque a fusão cessa assim que paramos de fornecer combustível ou desligamos o aparelho que contém o plasma.

Mas, na prática, a fusão é um processo de realização muito difícil. Há uma velha piada entre cientistas nucleares: "A fusão está a quarenta anos de nós, e sempre estará". (Admito que o termo "piada" aqui não é usado ao pé da letra.) Um dos maiores empecilhos é que precisamos de tanto calor para o início da reação de fusão que normalmente acabamos gastando mais energia no processo do que gerando. E, como você pode bem imaginar, dadas as temperaturas envolvidas, a construção de um reator também é um imenso desafio energético. Nenhum reator de fusão atual foi criado para produzir eletricidade que os consumidores possam usar; eles existem apenas para fins de pesquisa.

O maior projeto atualmente, uma colaboração entre seis países e a União Europeia, são as instalações experimentais no sul da França conhecidas como ITER. A construção começou em 2010 e prossegue até hoje. Em meados da década de 2020, espera-se que o ITER produza seu primeiro plasma e que gere energia excedente — dez vezes mais do que a necessária para funcionar — até o fim da década de 2030. Seria o momento Kitty Hawk da fusão, um feito maiúsculo que nos poria no caminho de construir uma usina de demonstração comercial.

E estão a caminho outras inovações capazes de deixar a fusão mais viável. Por exemplo, sei de empresas que utilizam supercondutores a altas temperaturas para criar campos magnéticos muito mais fortes para conter o plasma. Se esse método funcionar, poderemos construir com mais rapidez reatores de fusão nuclear bem menores e, portanto, mais baratos.

Mas a questão principal não é esperar que essa ou aquela empresa venha com a ideia inovadora em fissão ou fusão nuclear de que precisamos. O mais importante é o mundo voltar a levar a sério o desenvolvimento do setor de energia nuclear. Ele é simplesmente promissor demais para ser ignorado.

Energia eólica offshore. A instalação de turbinas eólicas no oceano ou em grandes volumes de água tem inúmeras vantagens. Como muitas cidades grandes ficam perto do litoral, podemos gerar eletricidade bem mais próximo aos lugares onde será utilizada, sem enfrentar tantos problemas de transmissão. Na água, os ventos em geral sopram com maior regularidade, reduzindo-se assim o problema da intermitência.

Apesar dessas vantagens, a energia eólica offshore atualmente representa apenas uma parcela minúscula da capacidade total mundial de geração elétrica — cerca de 0,4%, em 2019. A maior parte fica na Europa, em especial no mar do Norte; os Estados Unidos possuem apenas trinta megawatts instalados, e tudo isso em um único projeto, ao largo de Rhode Island. Lembre que o país consome cerca de mil gigawatts, de modo que o vento offshore fornece aproximadamente um trinta e dois mil avos da eletricidade nacional.

Para o setor da energia eólica offshore, os ventos não poderiam ser mais favoráveis. As empresas buscam maneiras de fazer turbinas maiores para gerar mais energia e estão resolvendo alguns dos desafios de engenharia envolvidos em construir objetos gigantes de metal no meio do oceano. À medida que as inovações derrubam o preço, os países instalam mais turbinas — o uso do vento offshore cresceu a uma taxa média anual de 25% nos últimos três anos. O Reino Unido é o maior usuário do vento offshore atualmente, graças a engenhosos subsídios públicos que incentivaram a participação da iniciativa privada. A China tem feito grandes investimentos em energia eólica offshore e é provável que seja sua maior consumidora até 2030.

Os Estados Unidos dispõem de considerável vento offshore, especialmente na Nova Inglaterra, no norte da Califórnia e no Oregon, na Costa do Golfo e nos Grandes Lagos; em teoria, poderíamos gerar 2 mil gigawatts — mais do que suficiente para atender a nossas atuais necessidades.[12] Mas, para desfrutar desse potencial, precisamos facilitar a construção de turbinas. Hoje, para conseguir uma licença, é preciso passar por um calvário burocrático: primeiro, obter um contrato de arrendamento federal, que costuma ser concedido em baixíssimo número, depois de passar por um processo de muitos anos para produzir uma declaração de impacto ambiental, em seguida conseguir as permissões dos órgãos estaduais e locais. E, a cada etapa do caminho, pode-se enfrentar a oposição (justificada ou não) dos proprietários de terras na região litorânea, da indústria do turismo, de pescadores e de grupos ambientalistas.

A energia eólica offshore é muito promissora: está cada vez mais barata e pode desempenhar um papel fundamental em ajudar os países a se descarbonizar.

Energia geotérmica. Nas profundezas da terra — a cerca de um quilômetro da superfície — há rochas quentes que podem ser usadas para produzir eletricidade livre de carbono. Água a alta pressão seria bombeada para dentro das rochas, onde absorveria o calor e sairia por outro buraco, fazendo girar uma turbina ou gerando eletricidade de algum outro modo. Mas explorar o calor sob o solo tem suas desvantagens. A densidade energética — a quantidade de energia que obtemos por metro quadrado — é muito baixa. Em seu fantástico livro de 2009, *Sustainable Energy: Without the Hot Air*, David MacKay estimava que a energia geotérmica poderia atender menos de 2% das necessidades energéticas dos Estados Unidos, e mesmo o fornecimento dessa quantidade exigiria explorar cada metro quadrado do país e fazer as perfurações de graça.[13]

Também temos de cavar poços de acesso, e é difícil saber de antemão se algum deles produzirá o calor necessário, ou por quanto tempo. Cerca de 40% dos poços abertos para energia geotérmica acabam não dando em nada. E a energia geotérmica está disponível apenas em alguns lugares do mundo; os melhores costumam ser áreas com atividade vulcânica acima da média.

Embora esses problemas signifiquem que a energia geotérmica contribuirá apenas modestamente para o consumo energético mundial, ainda assim valerá a pena começarmos a solucioná-los um por um, como fizemos com o automóvel. Empresas estão trabalhando em diversas inovações para complementar os avanços técnicos que tornaram a perfuração de petróleo e gás muito mais produtiva nos últimos anos. Por exemplo, algumas desenvolveram sensores avançados que poderiam facilitar ainda mais a localização de poços geotérmicos promissores. Outras usam perfuração horizontal para aproveitar essas fontes geotérmicas com mais segurança e eficiência. É um ótimo exemplo de como uma tecnologia originalmente desenvolvida para a indústria dos combustíveis fósseis pode na verdade nos ajudar a zerar as emissões.

ARMAZENANDO ELETRICIDADE

Baterias. Passei muito mais tempo do que imaginava aprendendo sobre baterias. (Também perdi muito mais dinheiro em startups do setor do que jamais imaginei.) Para minha surpresa, apesar de todas as limitações das baterias de íon de lítio — utilizadas em seu notebook e seu celular —, é difícil fazer algo melhor que elas. Os inventores estudaram todos os metais que poderiamos usar em baterias, e parece pouco provável haver materiais capazes de produzir dispositivos muito mais eficientes do que os feitos hoje. Até poderíamos melhorar as baterias em 300%, por exemplo, mas não em 5000%.

Mesmo assim, nada desestimula um bom inventor. Conheci engenheiros brilhantes que trabalham no desenvolvimento de baterias de preço acessível capazes de armazenar energia suficiente para uma cidade — chamadas baterias em escala de rede, ao contrário das menores, usadas em celulares e computadores — conservando-a por tempo suficiente para atravessar a intermitência sazonal. Um inventor que admiro está trabalhando numa bateria que emprega metais líquidos em vez de sólidos, como nas existentes hoje. A ideia por trás do conceito é que o metal líquido permite armazenar e fornecer muito mais energia com grande rapidez — exatamente o tipo de coisa de que você precisa quando quer levar eletricidade a toda uma cidade. A tecnologia foi testada e aprovada em laboratório, e agora a equipe tenta torná-la barata o bastante para ser economicamente viável e provar que funciona para esse fim.

Outros trabalham em algo chamado baterias de fluxo, que envolve armazenar fluidos em tanques separados e depois gerar eletricidade juntando tudo em um processo de bombeamento. Quanto maiores os tanques, mais energia é armazenada, e quanto maior a bateria, mais econômica se torna.

Hidrelétrica reversível. O método armazena quantidades de energia para alimentar uma cidade e funciona assim: quando a eletricidade está barata (por exemplo, quando um vento regular mantém as turbinas girando velozmente), você se limita a bombear água para um reservatório elevado; depois, quando a demanda energética sobe, a água é liberada para descer morro abaixo, fazendo girar uma turbina e gerando mais eletricidade.

A hidrelétrica reversível é o maior sistema de armazenamento de eletricidade em escala de rede do mundo. Infelizmente, isso não quer dizer muita coisa. As dez maiores usinas desse tipo nos Estados Unidos armazenam o equivalente a menos de uma hora de consumo de eletricidade no país. Talvez você imagine por que a ideia não decolou de verdade: para bombear água morro acima, é preciso um grande reservatório e, claro, um morro. Sem uma coisa nem outra, nada feito.

Diversas empresas estão trabalhando em alternativas. Uma delas se dedica à pesquisa para descobrir se é possível bombear alguma outra coisa morro acima — seixos, por exemplo. Outra trabalha em um processo que eliminaria o morro, mas não a água: você a bombearia para o subterrâneo, mantendo-a sob pressão, e depois a liberaria quando fosse preciso acionar a turbina. Seria fantástico se esse método funcionasse, pois praticamente não precisaríamos nos preocupar com equipamentos na superfície.

Armazenamento térmico. Segundo esse conceito, quando a eletricidade é barata, você a utiliza para aquecer algum material. Então, quando precisa de mais eletricidade, usa o calor para gerar energia por meio de uma máquina térmica. Isso pode funcionar a uma eficiência de 50% ou 60%, o que não é ruim. Os engenheiros conhecem muitos materiais capazes de permanecer quentes por bastante tempo sem perder muita energia — a ideia mais promissora, em que alguns cientistas e empresas estão trabalhando, é armazenar calor em sal fundido.

Na TerraPower, tentamos descobrir como usar sal fundido para não precisar competir (se chegarmos a construir uma usina) com a eletricidade gerada pela luz solar durante o dia. A ideia seria armazenar o calor gerado durante o dia e depois convertê-lo em eletricidade à noite, quando a energia solar barata não está disponível.

Hidrogênio barato. Espero que façamos grandes avanços em seu armazenamento. Mas também é possível surgir alguma inovação e tornar essas ideias obsoletas, assim como o computador pessoal chegou e em maior ou menor medida tornou a máquina de escrever desnecessária.

O hidrogênio barato poderia fazer isso com o armazenamento de eletricidade.

O motivo é que o hidrogênio serve como ingrediente essencial em baterias de célula de combustível. As células de combustível obtêm sua energia de uma reação química entre dois gases — em geral hidrogênio e oxigênio —, e seu único subproduto é a água. Poderíamos usar a eletricidade de uma fazenda solar ou eólica para produzir hidrogênio, armazená-lo como gás comprimido ou em outra forma, e então pôr o hidrogênio numa célula de combustível para gerar eletricidade sob demanda. Na prática, estaríamos usando eletricidade limpa para criar um combustível livre de carbono que poderia ser guardado por anos e reconvertido em eletricidade imediatamente. E os problemas relacionados a localização que mencionei antes estariam resolvidos: embora não seja possível transportar luz solar em um trem, podemos transformá-la em combustível primeiro e depois escolher o melhor meio de transporte.

O problema é o seguinte: no momento, custa caro produzir hidrogênio sem emitir carbono. Não é tão eficiente quanto armazenar a eletricidade diretamente em uma bateria, porque primeiro temos de usar eletricidade para produzir hidrogênio, e só então empregá-lo para produzir eletricidade. Executar todos esses passos significa perder energia ao longo do caminho.

O hidrogênio também é um gás muito leve, o que dificulta seu armazenamento em um recipiente de tamanho razoável. É mais fácil armazenar o gás se o pressurizamos (para comprimir uma quantidade maior em um recipiente de mesmo tamanho), mas, como as moléculas de hidrogênio são muito pequenas, quando estão sob pressão podem efetivamente migrar através do metal. É como se o seu tanque de gás vazasse aos poucos à medida que você o enchesse.

Por fim, o processo de produzir hidrogênio (chamado eletrólise) também exige diversos materiais (conhecidos como eletrolisadores) que são muito caros. Na Califórnia, onde carros que funcionam a células de combustível já são comercializados, o custo do hidrogênio equivale a pagar 5,60 dólares por um galão de gasolina. É por isso que os cientistas estão testando materiais mais baratos para servir como eletrolisadores.

OUTRAS INOVAÇÕES

Captura de carbono. Poderíamos continuar a produzir eletricidade como fazemos hoje, com gás natural e carvão, mas sugando o dióxido de carbono antes que chegue à atmosfera. O processo chama-se captura e armazenamento de carbono e envolve a instalação de aparelhos especiais em usinas de combustível fóssil para absorver as emissões. Esses aparelhos de "captura pontual" existem há décadas, mas têm um preço alto de aquisição e operação. Eles em geral capturam apenas 90% dos gases de efeito estufa envolvidos, e as companhias energéticas não ganham em nada com sua instalação. Assim, há pouquíssimos em uso. Políticas públicas inteligentes poderiam criar incentivos para emprego da captura de carbono, assunto ao qual voltaremos nos capítulos 10 e 11.

Como já mencionei aqui, existe uma tecnologia parecida chamada captura direta do ar. Sua função é executar exatamente o que o nome diz: capturar carbono do ar. A DAC é mais flexível do que a captura pontual, porque pode ser feita em qualquer lugar. E, com toda probabilidade, terá um papel crucial para chegarmos a zero — um estudo feito pela Academia Nacional de Ciências revelou que precisaremos remover cerca de 10 bilhões de toneladas de dióxido de carbono por ano até meados do século e cerca de 20 bilhões até o início do próximo.[14]

Mas a DAC é um desafio técnico muito maior do que a captura pontual, em razão da baixa concentração de dióxido de carbono no ar. Quando as emissões vêm diretamente de uma termelétrica a carvão, a concentração é muito elevada, na faixa de 10% de dióxido de carbono, mas, uma vez na atmosfera, onde a DAC opera, eles se dispersam bastante. Pegando uma molécula da atmosfera ao acaso, a probabilidade de conter dióxido de carbono é de apenas 1 em 2500.

Algumas empresas estão trabalhando em materiais novos que sejam melhores para absorver dióxido de carbono e tornem tanto a captura pontual como a DAC mais baratas e eficazes. Além do mais, as atuais abordagens da DAC consomem muita energia para aprisionar os gases de efeito estufa, coletá-los e armazená-los em segurança. É impossível realizar todo esse trabalho sem usar *alguma* carga de energia; as leis da física estabelecem uma quantidade mínima necessária. A tecnologia mais recente, porém, utiliza muito mais que esse mínimo, portanto existe uma boa margem para avanços.

Usar menos. Eu costumava zombar da ideia de que usar energia com mais eficiência faria alguma diferença para as mudanças climáticas. Meu raciocínio era que, se tivéssemos recursos limitados para reduzir as emissões (como é o caso), obteríamos maior impacto passando a emissões zero, em vez de gastar um dinheirão para tentar reduzir a demanda energética.

Não abandonei por completo esse ponto de vista, mas o relativizei um pouco quando me dei conta de quanto espaço físico será necessário para gerar muito mais eletricidade com energia solar e eólica. Uma fazenda solar necessita de algo entre cinco e cinquenta vezes mais terras para produzir a mesma quantidade de eletricidade de uma termelétrica a carvão de capacidade equivalente, e uma fazenda eólica demanda uma área dez vezes maior do que a da solar. Deveríamos fazer tudo ao nosso alcance para aumentar as chances de alcançar 100% de energia limpa, e isso será mais fácil se reduzirmos a demanda por eletricidade quando for possível. Tudo o que for capaz de reduzir a escala que precisamos atingir será útil.

Há também uma prática relacionada a esse conceito que se chama transferência de carga ou transferência de demanda, segundo a qual a energia é usada de forma mais coerente ao longo do dia. Se fizéssemos isso em larga escala, a transferência de carga representaria uma mudança enorme na maneira como pensamos o uso da energia em nossas vidas. No momento, tendemos a gerar eletricidade de acordo com a demanda — por exemplo, aumentando a produção das usinas para iluminar a cidade à noite. Com a transferência de carga, porém, fazemos o contrário: usamos mais eletricidade quando a geração é mais barata.

Por exemplo, seu aquecedor de água poderia ser ligado às quatro da tarde, quando há menor demanda de energia, e não às sete da noite. Ou você poderia conectar seu veículo elétrico na tomada ao chegar do trabalho e ele estaria programado para começar a carregar às quatro da manhã, quando a eletricidade é barata porque há pouca gente usando. Na atividade industrial, processos que exigem muita energia, como tratamento de águas residuais e produção de combustíveis de hidrogênio, poderiam ser feitos num momento em que há maior disponibilidade de energia.

Para que a transferência de carga tenha impacto significativo, precisaremos de mudanças nas políticas públicas, bem como de alguns avanços tecnológicos. As companhias distribuidoras terão de atualizar o preço da eletricidade ao longo do dia para se ajustar à oscilação da demanda, por exemplo, e seu aquecedor de água e seu carro elétrico deverão ser inteligentes o bastante para tirar proveito dessa informação sobre o preço e funcionar de acordo com esses parâmetros. E em casos extremos, quando a eletricidade é particularmente difícil de obter, deveríamos ter a capacidade de diminuir a demanda, ou seja, racionalizar a eletricidade, priorizando as maiores necessidades (digamos, hospitais) e suspendendo atividades não essenciais.

Tenha em mente que devemos tentar viabilizar todas essas ideias, mas para descarbonizar nossa rede elétrica provavelmente não será necessário que todas deem certo. Algumas apenas se sobrepõem: se obtivermos um avanço revolucionário no hidrogênio barato, por exemplo, dificilmente teremos de nos preocupar tanto em obter uma bateria mágica.

O que posso afirmar com certeza é que necessitamos de um plano concreto para desenvolver novas redes elétricas capazes de oferecer eletricidade confiável de carbono zero sempre que houver necessidade. Se um gênio da lâmpada me concedesse apenas um desejo, um único grande avanço numa atividade que influencia as mudanças climáticas, eu escolheria a eletricidade: ela vai desempenhar um papel importante em descarbonizar outras partes da economia real. Abordarei a primeira delas — a fabricação de coisas como aço e cimento — no próximo capítulo.

5. Como fabricamos as coisas
31% de 51 bilhões de toneladas por ano

De onde eu e Melinda moramos, em Medina, Washington, até a sede de nossa fundação em Seattle, são cerca de doze quilômetros. Para chegar ao prédio, atravesso o lago Washington pela ponte flutuante Evergreen Point, embora ninguém que more por aqui a chame assim; para os moradores locais, é a ponte 520, nome da rodovia estadual com a qual é integrada. Com mais de dois quilômetros de extensão, é a maior ponte flutuante do mundo.

Muitas vezes, quando atravesso a ponte 520, paro um momento para apreciar como é maravilhosa. Não por ser a maior ponte flutuante do mundo, mas por ser *uma ponte que flutua*. Como essa estrutura gigantesca, feita de toneladas de asfalto, concreto e aço, usada por centenas de carros, pode flutuar sobre um lago? Por que não afunda?

A resposta é um milagre da engenharia, proporcionado por um material incrível: o concreto. À primeira vista, pode parecer estranho, porque é natural pensar no concreto como um bloco pesado, sem nenhuma capacidade de flutuação. Embora ele possa mesmo ser feito desse modo — sólido o bastante para absorver radiação nuclear nas paredes de um hospital —, o concreto também pode ser usado para criar formas ocas, como as 77 plataformas cheias de ar e à prova d'água que sustentam a ponte 520. Cada uma pesa milhares de toneladas. Elas têm ar suficiente para flutuar na superfície do lago e são robustas o bastante para sustentar a ponte e os carros que andam por ela.[1] Ou, melhor dizendo, que ficam parados em cima dela em nossos congestionamentos diários.

Esta é a ponte 520 em Seattle, que atravesso sempre que vou de minha casa à sede da Fundação Gates. Uma maravilha da engenharia moderna.

Não precisamos procurar muito para encontrar outros milagres que o concreto realiza à nossa volta. O material é resistente a corrosão e a decomposição, além de não inflamável, usado portanto nos edifícios mais modernos. Se você é um entusiasta da energia hidrelétrica, deve apreciar o concreto por possibilitar a construção de represas. Da próxima vez que olhar para a Estátua da Liberdade, observe o pedestal sob ela. É feito de 27 mil toneladas de concreto.[2]

A atratividade do concreto não passou em branco para o maior inventor da América: Thomas Edison tentou criar casas inteiras com o material. Ele sonhava em criar ambientes como dormitórios mobiliados em concreto e até tentou projetar um fonógrafo de concreto.[3]

Essas ideias de Edison nunca chegaram a se tornar realidade, mas mesmo assim usamos *muito* concreto. Todo ano, para substituir ou reformar estradas, pontes e prédios ou erguer novas construções, só os Estados Unidos produzem mais de 96 milhões de toneladas de cimento, um dos principais ingredientes do concreto. Isso corresponde a quase trezentos quilos per capita. E nem somos os maiores consumidores — a honra vai para a China, que instalou mais concreto nos primeiros dezesseis anos do século XXI do que os Estados Unidos em todo o século XX!

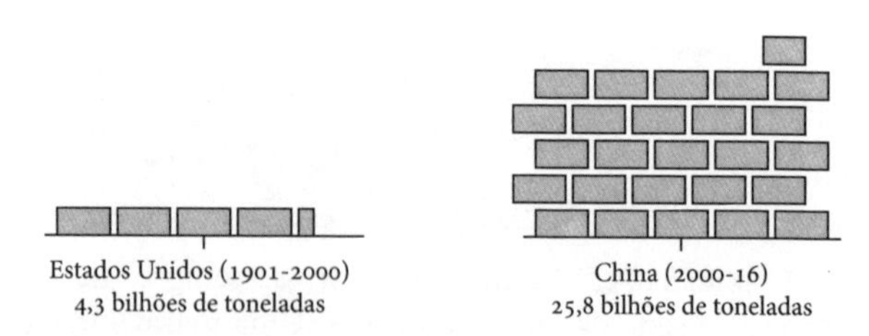

A China fabrica um bocado de cimento. O país já produziu mais no século XXI do que os Estados Unidos em todo o século XX. (U. S. Geological Survey)[4]

Obviamente, cimento e concreto não são os únicos materiais dos quais dependemos. Há também o aço, utilizado em nossos carros, navios e trens, geladeiras e fogões, máquinas fabris, latas de comida e até computadores. O aço é forte, barato, durável e infinitamente reciclável. Ele forma uma dupla incrível com o concreto: barras de aço inseridas em blocos de concreto constituem um material de construção mágico, capaz de suportar toneladas de peso, sem quebrar com a deformação. É por isso que empregamos concreto reforçado na maioria de nossas pontes e construções.

O uso do aço pelos americanos equivale ao do cimento — assim, são outros trezentos quilos por pessoa anualmente, sem contar o aço que reciclamos e reutilizamos.

Plástico é outro material fantástico. Está em tantos produtos, de roupas e brinquedos a mobília, carros e celulares, que é impossível lembrar todos eles. Os plásticos são malvistos atualmente, em parte com razão. Mas também trazem um monte de benefícios. Enquanto escrevo este capítulo, sentado à minha mesa, vejo plásticos por todo lado: computador, teclado, monitor e mouse, o grampeador, meu celular e assim por diante. Também são os plásticos que permitem aos carros com maior eficiência de consumo serem tão leves; eles representam pelo menos metade do volume total do veículo, mas apenas 10% do peso.[5]

E ainda há o vidro — em janelas e vitrines, potes e garrafas, isolantes, carros, cabos de fibra óptica que nos fornecem conexão de internet em alta velocidade. O alumínio é usado em latas de refrigerante e cerveja, embalagens, cabos de energia, maçanetas de porta, trens, aviões, barris de cerveja. Fertilizantes ajudam a alimentar o mundo. Há alguns anos, previ o fim do papel, já que as comunicações eletrônicas eram mais comuns e as telas brotavam por toda parte, mas ele não dá sinais de desaparecer tão cedo.

Em suma, produzimos materiais que se tornaram tão essenciais à vida moderna quanto a eletricidade. Não vamos abrir mão deles. A única mudança será que usaremos mais deles à medida que a população mundial crescer e enriquecer.

Há dados abundantes para sustentar essa afirmação — em

meados do século, produziremos 50% mais aço do que hoje, por exemplo —, mas creio que as duas imagens abaixo são igualmente persuasivas. Dê uma olhada. Não parecem duas cidades diferentes?

Estas duas fotos captam a materialização do progresso — para o bem ou para o mal. Xangai em 1987 (*esq.*) e em 2013 (*dir.*).

Não são. São duas fotos de Xangai, tiradas da mesma perspectiva. A da esquerda foi tirada em 1987, a outra, em 2013. Quando olho para esses novos prédios na foto à direita, vejo toneladas e toneladas de aço, cimento, vidro e plástico.

A história se repete no mundo todo, embora o crescimento na maioria dos lugares não seja tão drástico quanto em Xangai. Voltando a um pensamento que aparece repetidamente neste livro: *esse progresso é bom.* O crescimento rápido visto nas duas fotos significa que a vida das pessoas melhorou de incontáveis maneiras. Elas estão ganhando mais dinheiro, recebem uma educação melhor e têm menor probabilidade de morrerem jovens. Se queremos combater a pobreza, devemos encarar isso como uma boa notícia.

Mas para voltar a bater numa tecla que também aparece bastante neste livro: *a boa notícia tem sempre um lado ruim.* A fabricação desses materiais emite muitos gases de efeito estufa. Na realidade, eles são responsáveis por cerca de um terço das emissões mundiais. E, em alguns casos, especialmente do concreto, não temos uma maneira viável de fabricá-los sem gerar carbono.

Portanto, vejamos como fazer a quadratura desse círculo — como continuar a produzir esses materiais sem tornar o clima inóspito. Em nome da brevidade, nos concentraremos em três dos mais importantes: aço, concreto e plástico. Como fizemos com a eletricidade, examinaremos como chegamos aqui e por que esses materiais são tão problemáticos para o clima. Em seguida, calcularemos os Prêmios Verdes para reduzir emissões usando a tecnologia atual e estudaremos maneiras de baixar esses valores e fabricar esses produtos sem emitir carbono.

A história do aço remonta a cerca de 4 mil anos atrás — uma longa série de invenções fascinantes no decorrer dos séculos que nos levou da Idade do Ferro ao aço atual, mas, pela minha experiência, ninguém está muito interessado nas diferenças entre alto-forno, ferro pudelado e processo de Bessemer. Portanto, aqui estão as principais coisas que você precisa saber.

Apreciamos o aço porque, além de ser forte, é fácil de modelar quando aquecido. Para fabricar aço, precisamos de ferro puro e carbono; sozinho, o ferro não é muito forte, mas acrescentando a quantidade certa de carbono — menos de 1%, a depender do tipo de aço que você quer — os átomos de carbono se acomodam entre os átomos de ferro, proporcionando ao aço resultante suas propriedades mais importantes.

Carbono e ferro não são difíceis de encontrar — o carbono pode ser obtido a partir do carvão, e o ferro é um elemento comum na crosta terrestre. Mas ferro puro é bastante raro: quando escavamos em busca do metal, ele quase sempre vem combinado ao oxigênio e a outros elementos — uma mistura conhecida como minério de ferro.

Para fabricar aço, precisamos separar o oxigênio do ferro e acrescentar um pouco de carbono. Podemos fazer as duas coisas ao mesmo tempo fundindo o minério de ferro a temperaturas muito elevadas (1700ºC), na presença de oxigênio e de um tipo de carvão chamado coque. Nessa temperatura, o minério de ferro libera seu oxigênio e o coque libera seu carbono. Um pouco do carbono se liga ao ferro, formando o aço que queremos, e o resto se prende ao oxigênio, formando um subproduto que não queremos: dióxido de carbono. Muito dióxido de carbono, na verdade: para fabricar uma tonelada de aço, geramos cerca de 1,8 tonelada de CO_2.

Por que fazemos isso dessa forma? Porque é barato e, até começarmos a nos preocupar com as mudanças climáticas, não tínhamos incentivo algum para fazê-lo de outra forma. É muito fácil escavar minério de ferro. O carvão também é barato, por ser encontrado aos montes na terra.

E assim o mundo seguirá em frente, fabricando mais aço, mesmo que a produção tenha quase se estabilizado nos Estados Unidos. Diversos outros países hoje fabricam mais aço bruto do que os Estados Unidos — China, Índia e Japão entre eles —, e até 2050 o mundo produzirá cerca de 2,8 bilhões de toneladas anuais. Isso resulta em 5 bilhões de toneladas de dióxido de carbono liberados todo ano em meados do século, provenientes só da fabricação de aço, a não ser que encontremos uma nova maneira ecologicamente correta de fazê-lo.

Com o concreto, o desafio é ainda mais complicado. Para fabricá-lo, misturamos cascalho, areia, água e cimento. Os três primeiros são relativamente tranquilos; é o cimento que traz problemas para o clima.

Para fabricar cimento, precisamos de cálcio. Para obter cálcio, começamos pelo calcário — que contém cálcio, mais carbono e oxigênio — e o queimamos em uma fornalha junto com outros materiais.

Dada a presença de carbono e oxigênio, provavelmente você já sabe em que direção a conversa está indo. A queima do calcário resulta no que queremos — cálcio para o cimento — e em algo que não queremos — dióxido de carbono. Não se conhece uma forma de fabricar cimento sem passar por esse processo. É uma reação química — *calcário mais calor* é igual a *óxido de cálcio mais dióxido de carbono* —, e não há escapatória. A relação é de um para um: fabrique uma tonelada de cimento e produza uma tonelada de dióxido de carbono.

E, assim como no caso do aço, não há razão para pensar que a humanidade vai parar de fabricar cimento. A China é de longe a maior produtora mundial, com uma quantidade sete vezes maior que a da segunda colocada, a Índia, e fabricando mais cimento do que a somatória do resto do planeta.[6] Até 2050, a produção de cimento anual do mundo crescerá um pouco — conforme o boom da construção desacelera na China e começa em países menores, em desenvolvimento — antes de voltar a se estabilizar em torno de 4 bilhões de toneladas anuais, mais ou menos como estamos hoje.[7]

Em comparação com o cimento e o aço, o plástico é o caçula da turma. Embora os seres humanos utilizem plásticos naturais, como a borracha, há milhares de anos, os plásticos sintéticos só surgiram na década de 1950, graças a algumas descobertas inovadoras na engenharia química. Atualmente, há mais de duas dúzias de tipos de plástico, variando dos usos que todos imaginamos — o polipropileno dos potinhos de iogurte, por exemplo — aos mais surpreendentes, como o acrílico em tintas, cera de assoalho e sabão em pó, ou os microplásticos em sabonetes e xampus, ou o náilon em sua jaqueta impermeável, ou o poliéster em todas as lamentáveis roupas que usei na década de 1970.

Todos esses diferentes tipos de plástico têm uma coisa em

comum: eles contêm carbono. O carbono, como vemos, é útil para criar todo tipo de material por se ligar muito com facilidade a uma ampla variedade de elementos; no caso do plástico, em geral se agrupa a hidrogênio e oxigênio.

Como você já chegou até aqui, provavelmente não se surpreenderá ao descobrir de onde os fabricantes de plástico costumam obter seu carbono: refinando petróleo, carvão ou gás natural e em seguida processando os produtos refinados de várias maneiras. Isso ajuda a explicar por que os plásticos são conhecidos por custar pouco: como cimento e aço, o plástico é barato porque os combustíveis fósseis são baratos.

Mas, num aspecto importante, os plásticos são fundamentalmente diferentes de cimento e aço. Quando produzimos cimento ou aço, liberamos dióxido de carbono como um inevitável subproduto, mas, quando fabricamos plástico, cerca de metade do carbono permanece no próprio produto. (A porcentagem real varia um pouco, dependendo de que tipo de plástico estamos falando, mas cerca de metade é uma aproximação razoável.) O carbono gosta bastante de se ligar ao oxigênio e ao hidrogênio, e tende a não largar. Os plásticos podem levar centenas de anos para se degradar.

Essa é uma questão ambiental enorme, porque os plásticos despejados em aterros sanitários e oceanos perduram por um século ou mais. E é um problema de difícil solução: pedaços de plástico flutuando no oceano causam todo tipo de consequências ruins, incluindo o envenenamento da vida marinha. Por outro lado, não estão agravando as mudanças climáticas. Em termos puramente de emissões, o carbono nos plásticos não representa grande ameaça. Como o material leva tanto tempo para se degradar, os átomos de carbono contidos nele não sobem à atmosfera para elevar a temperatura — pelo menos, não por muito tempo.

Faço uma pausa aqui para enfatizar que esse rápido levantamento cobre apenas três dos mais importantes materiais que fabricamos hoje. Estou deixando de fora fertilizantes, vidro, papel, alumínio e muitos outros. Mas os argumentos principais continuam os mesmos: produzimos uma quantidade gigantesca de materiais, resultando em quantidades copiosas de gases de efeito estufa, mas está fora de cogitação simplesmente parar de fabricar coisas. No restante deste capítulo, examinaremos as alternativas, analisaremos o alto custo dos Prêmios Verdes e em seguida veremos como a tecnologia pode baixar os prêmios de modo que todos queiram adotar o princípio de emissão zero.

Para calcular os Prêmios Verdes dos materiais, precisamos compreender de onde vêm as emissões quando produzimos coisas. Penso nisso em três estágios: emitimos gases de efeito estufa (1) quando usamos combustíveis fósseis para gerar a eletricidade de que as fábricas precisam para conduzir suas operações; (2) quando os utilizamos para gerar o calor necessário para os diferentes processos produtivos, como derreter minério de ferro para fazer aço; e (3) quando fabricamos esses materiais, como no caso da produção de cimento, inevitavelmente gerando dióxido de carbono. Examinemos um a um e vejamos como contribuem para os Prêmios Verdes.

Para o primeiro estágio, a eletricidade, cobrimos a maior parte dos principais desafios no capítulo 4. Após considerar o armazenamento e a transmissão, e o fato de que muitas fábricas necessitam de energia confiável dia e noite, o custo da eletricidade limpa sobe rápido — bem mais na maioria dos países do que nos Estados Unidos ou na Europa.

Depois há o segundo estágio: como gerar calor sem a queima de combustíveis fósseis? Se não precisamos de temperaturas superelevadas, podemos usar bombas de calor elétricas e outras tecnologias. Mas, quando queremos temperaturas na casa dos milhares de graus, eletricidade não é uma opção econômica —

ao menos não com a tecnologia atual. Teríamos de usar energia nuclear ou queimar combustíveis fósseis e controlar as emissões com dispositivos de captura de carbono. Infelizmente, a captura de carbono não é de graça. Ela se soma aos custos do fabricante, que os repassa ao consumidor.

Por fim, chegamos ao terceiro estágio: o que podemos fazer quanto aos processos que inevitavelmente emitem gases de efeito estufa? Lembre que produzir aço e cimento implica emitir dióxido de carbono — não apenas pela queima de combustíveis fósseis, mas também como resultado das reações químicas essenciais à sua produção.

Neste momento, a resposta é clara: a não ser que encerremos essas atividades industriais, hoje está além do nosso alcance evitar essas emissões. Se quiséssemos fazer de tudo para eliminá-las usando quaisquer tecnologias disponíveis atualmente, nossas opções seriam tão limitadas quanto no segundo estágio. Teríamos de recorrer aos combustíveis fósseis e à captura de carbono — coisas que, mais uma vez, aumentam o custo. Com esses três estágios em mente, vejamos a faixa dos Prêmios Verdes para plásticos, aço e cimento:

PRÊMIOS VERDES PARA PLÁSTICOS, AÇO E CIMENTO[8]

Material	Preço médio por tonelada	Carbono emitido por tonelada de material fabricado	Novo preço após captura de carbono	Faixa dos Prêmios Verdes
Etileno (plástico)	US$ 1000	1,3 tonelada	US$ 1087-US$ 1155	9%-15%
Aço	US$ 750	1,8 tonelada	US$ 871-US$ 964	16%-29%
Cimento	US$ 125	1 tonelada	US$ 219-US$ 300	75%-140%

Com exceção do cimento, esses prêmios podem não parecer muita coisa. E é verdade que em alguns casos talvez o consumidor nem sinta no bolso. Por exemplo, um carro de 30 mil dólares pode conter uma tonelada de aço; se o aço custa 750 ou 950 dólares, não faz grande diferença no preço geral do veículo. Até para aquela garrafa de coca-cola de dois dólares que você comprou numa máquina um dia desses, o plástico representa uma parcela minúscula do preço geral.

Mas o custo final ao consumidor não é o único fator relevante. Suponha que você seja um engenheiro a serviço da cidade de Seattle, avaliando licitações para a reforma de uma de nossas inúmeras pontes. Um fornecedor cobra 125 dólares a tonelada de cimento, outro, 250 dólares, mas com o custo da captura de carbono incluso. Qual você escolhe? Sem um incentivo para optar pelo cimento de carbono zero, você vai pelo mais em conta.

Ou, se for um fabricante de automóveis, estará disposto a gastar 25% a mais em todo o aço que compra? Provavelmente não, sobretudo se a concorrência optar pelo mais barato. O fato de que o preço geral do carro aumentará só um pouco não lhe serviria muito de consolo. Suas margens já são exíguas, e você não gostaria de ver o preço de uma de suas matérias-primas mais importantes encarecer em 25%. Em uma indústria com margens de lucro estreitas, um prêmio desses pode ser a diferença entre continuar com o negócio e quebrar.

Embora alguns fabricantes em certas indústrias estejam dispostos a pagar o preço pelo direito de afirmar que fizeram sua parte no combate às mudanças climáticas, com custo alto nunca motivaremos o tipo de mudança sistêmica necessária para chegarmos a zero. Tampouco podemos esperar que o consumidor aumente a demanda por produtos verdes e force os preços para baixo. Afinal, o consumidor não compra cimento nem aço — e sim as grandes corporações.

Há diferentes maneiras de baixar os custos extras. Uma é usar políticas públicas para gerar demanda por produtos limpos — por exemplo, criando incentivos ou até normas para a aquisição de cimento ou aço de emissões zero. As empresas serão muito mais propensas a pagar o prêmio por materiais limpos se a lei exigir, se seus clientes pedirem e se a concorrência fizer o mesmo. Tratarei desses incentivos nos capítulos 10 e 11.

Mas — e isso é essencial — precisaremos de inovação no processo de manufatura, na forma de fabricar coisas sem emitir carbono. Examinemos algumas das oportunidades.

De todos os materiais que discuti neste capítulo, cimento é o caso mais complicado. É difícil contornar um simples fato — *calcário mais calor* é igual a *óxido de cálcio mais dióxido de carbono*. Mas algumas empresas têm boas ideias.

Um dos métodos envolve pegar o dióxido de carbono reciclado — possivelmente capturado durante o processo de fabricação — e reinjetá-lo no cimento antes do uso no canteiro de obras. A empresa que trabalha na implantação dessa ideia já conta com vários clientes, incluindo a Microsoft e o McDonald's; no momento, conseguiram reduzir as emissões em apenas cerca de 10%, mas esperam chegar a 33%. Outra solução, mais teórica, consiste em fabricar cimento com água do mar e o dióxido de carbono capturado em usinas. Seus inventores acham que com isso seria possível um dia diminuir as emissões em mais de 70%.

Porém, ainda que essas tentativas sejam bem-sucedidas, não garantem um cimento 100% livre de emissões. Num futuro próximo, teremos de contar com a captura de carbono e — caso se viabilize na prática — com a captura direta do ar para coletar o carbono emitido quando produzimos cimento.

No caso de praticamente todos os outros materiais, a primeira coisa de que precisamos é muita *eletricidade limpa e confiável.* A eletricidade já responde por cerca de um quarto da energia usada pelo setor manufatureiro mundial; para alimentar todos esses processos industriais precisamos, além de empregar a tecnologia de energia limpa de que já dispomos, desenvolver inovações que nos permitam gerar e armazenar eletricidade de carbono zero em grande quantidade a um custo baixo.

E em breve precisaremos de mais energia ainda, quando buscarmos outra maneira de reduzir as emissões: a *eletrificação*, ou seja, usar eletricidade em vez de combustíveis fósseis para determinados processos industriais. Por exemplo, uma alternativa muito interessante para a siderurgia é usar eletricidade limpa para substituir o carvão. Uma companhia que acompanho atentamente desenvolveu um novo processo chamado eletrólise de óxido fundido: em vez de queimar ferro com coque numa fornalha, passa-se eletricidade por uma célula contendo uma mistura de óxido de ferro líquido e outros ingredientes. A eletricidade decompõe o óxido de ferro, restando o ferro puro necessário para o aço, e oxigênio puro como subproduto. Nenhum dióxido de carbono é gerado. Trata-se de uma técnica promissora — é similar a um processo que utilizamos há mais de um século para depurar alumínio —, mas, como as outras ideias para o aço limpo, ainda precisa provar que funciona em escala industrial.

A eletricidade limpa nos ajudaria a resolver também outro problema: a fabricação de plásticos. Se tudo der certo, os plásticos podem um dia se tornar sumidouros de carbono — um modo de remover carbono, em vez de emiti-lo.

Como faríamos isso? Primeiro, precisaríamos de um método de carbono zero para alimentar o processo de refinamento. Poderíamos fazer isso usando eletricidade limpa ou hidrogênio produzido com eletricidade limpa. Depois precisaríamos encontrar uma forma de obter o carbono para nossos plásticos sem a queima do carvão. Uma ideia é remover o dióxido de carbono do ar e extrair o carbono, embora seja um processo dispendioso. Uma alternativa em que várias empresas estão trabalhando é obter o carbono de usinas. Por fim, precisaríamos de uma fonte de calor de carbono zero — que provavelmente seria também eletricidade limpa, hidrogênio ou gás natural equipado com um dispositivo para captura do carbono emitido.

Se todas essas peças se encaixassem, poderíamos fabricar plásticos com emissões líquidas negativas. Na prática, teríamos de encontrar uma maneira de tirar o carbono do ar (com usinas ou algum outro método) e armazená-lo em recipientes plásticos, onde permaneceria por décadas ou séculos, sem emissões adicionais. Guardaríamos muito mais carbono do que produziríamos.

Antes de encontrar maneiras de fabricar materiais com emissões zero, podemos simplesmente usar menos coisas. Por si só, reciclar mais aço, cimento e plástico está longe de ser suficiente para eliminar as emissões de gases de efeito estufa, mas ajuda. Podemos reciclar mais materiais e deveríamos pensar em novas maneiras de diminuir a quantidade de energia necessária para reciclar coisas. E, como a reutilização de algo está longe de demandar tanta energia quanto a reciclagem, deveríamos também procurar maneiras de construir e fabricar coisas usando materiais reaproveitados. Por fim, edificações e estradas também podem ser projetadas com o objetivo de limitar o uso de cimento e aço, e, em alguns casos, a madeira laminada cruzada — composta de camadas de madeira coladas entre si — é resistente o bastante para substituir ambos os materiais.

Resumindo, o caminho para emissões zero na manufatura é mais ou menos o seguinte:

1. *Eletrificar todos os processos possíveis.* Isso exigirá muita inovação.
2. *Obter essa eletricidade de redes elétricas descarbonizadas.* Isso também exigirá uma boa dose de inovação.
3. *Utilizar captura de carbono para absorver as emissões remanescentes.* Idem.
4. *Usar materiais com mais eficiência.* A mesma coisa.

Acostume-se com o tema. Você o verá com frequência nos capítulos seguintes. A seguir, passamos à agricultura, que inclui um dos maiores heróis anônimos do século XX, bem como fazendas cheias de vacas arrotando.

6. Como cultivamos as coisas

19% de 51 bilhões de toneladas por ano

Hambúrgueres fazem parte da minha história familiar. Quando eu era pequeno, após as excursões com minha tropa de escoteiros, os meninos sempre queriam voltar para casa com meu pai porque ele parava no caminho e comprava cheeseburgers para todo mundo. Muitos anos depois, no início da Microsoft, fiz incontáveis almoços, jantares e refeições de fim de noite em um Burgermaster próximo, uma das redes de hambúrguer mais tradicionais da região de Seattle.

Mais tarde, após o sucesso da Microsoft, mas antes que Melinda e eu criássemos nossa fundação, meu pai passou a usar o Burgermaster perto de sua casa como escritório informal. Ele parava no restaurante para comer enquanto examinava os pedidos de doações que recebíamos. Após algum tempo, a notícia se espalhou, e meu pai começou a receber cartas endereçadas a ele no local: "Bill Gates Sr., aos cuidados do Burgermaster".

Esses dias ficaram no passado distante. Faz duas décadas que meu pai trocou sua mesa no Burgermaster por uma sala em nossa fundação. E, embora eu ainda adore um bom cheesebúrger, não costumo mais comê-los tanto quanto antigamente — devido ao que descobri sobre o impacto que a carne bovina e outras exercem sobre as mudanças climáticas.

Criar animais para alimentação é uma das principais causas de emissões de gases de efeito estufa. É classificada como o fator principal em um setor que os especialistas chamam de "agricultura, silvicultura e outros usos da terra", que por sua vez compreende um imenso leque de atividades humanas, incluindo a criação de animais, a lavoura, a derrubada de árvores etc. Esse setor também envolve uma ampla variedade de gases de efeito estufa: na agricultura, o principal culpado não é o dióxido de carbono, mas o metano — que causa 28 vezes mais aquecimento por molécula do que o dióxido de carbono no decorrer de um século — e o óxido nitroso, que causa *265 vezes* mais aquecimento.

Considerando tudo isso, as emissões anuais de metano e óxido nitroso equivalem a mais de 7 bilhões de toneladas de dióxido de carbono, ou mais de 80% de todos os gases de efeito estufa no setor de agricultura/ silvicultura/ uso da terra. A menos que tomemos uma atitude para conter essas emissões, o número subirá à medida que cultivarmos alimentos para uma população mundial cada vez maior e mais rica. Se quisermos sonhar em zerar as emissões líquidas, temos de descobrir como viabilizar essas atividades diminuindo e por fim eliminando os gases de efeito estufa.

E o desafio não reside apenas na agropecuária. Também temos de fazer alguma coisa em relação ao desmatamento e a outros usos da terra, que somados acrescentam 1,6 bilhão de toneladas de dióxido de carbono na atmosfera ao mesmo tempo que destroem habitats essenciais à vida selvagem.[1]

Por tratar de um assunto tão amplo, este capítulo tem um pouco de tudo. Falo sobre um dos meus heróis, o agrônomo vencedor do prêmio Nobel da paz que salvou 1 bilhão de pessoas da fome, mas cujo nome permanece quase esquecido fora dos círculos de promoção do desenvolvimento mundial. Também vamos explorar as particularidades do excremento suíno e do arroto bovino, analisar a química da amônia e verificar até que ponto plantar árvores ajuda a evitar o desastre climático. Mas, antes de passar a tudo isso, comecemos por uma famosa previsão que a história provou ser errada.

Em 1968, o biólogo americano Paul Ehrlich publicou seu futuro best-seller, intitulado *The Population Bomb*, no qual pintava o cenário sombrio de um futuro não muito distante da visão distópica de romances como *Jogos vorazes*. "A batalha para alimentar a humanidade inteira está encerrada", escreveu Ehrlich. "Nas décadas de 1970 e 1980, centenas de milhões de pessoas morrerão de fome, a despeito de quaisquer programas emergenciais que possam ser iniciados atualmente." Ehrlich também escreveu que "será impossível para a Índia alimentar mais 200 milhões de pessoas em 1980".[2]

Nada disso se concretizou. No tempo transcorrido desde que o livro foi publicado, a população da Índia cresceu em mais de 800 milhões de pessoas — atualmente, é o dobro do que era em 1968 —, porém o país produz mais do que o triplo de trigo e arroz, e sua economia se tornou cinquenta vezes maior.[3] Agricultores em muitos outros países por toda a Ásia e a América do Sul tiveram ganhos de produtividade similares.

Consequentemente, ainda que a população global esteja em crescimento, não existem centenas de milhões morrendo de fome na Índia nem em nenhum outro lugar. Na verdade, a disponibilidade de alimento é cada vez maior, não menor. Nos Estados Unidos, uma família comum gasta menos de seu orçamento doméstico com comida se comparado ao que gastava trinta anos atrás, tendência que tem se repetido também em outras partes do mundo.[4]

Não estou dizendo que a desnutrição não seja um problema sério em alguns lugares, porque é. Na verdade, melhorar a nutrição dos mais pobres do mundo é uma das principais prioridades estabelecidas por mim e Melinda. Mas a previsão de grandes massas passando fome feita por Ehrlich estava errada.

Por quê? O que Ehrlich e outros arautos da desgraça deixaram de perceber?

Eles não consideraram o potencial da inovação. Não levaram em conta pessoas como Norman Borlaug, o brilhante cientista que provocou uma revolução na agricultura e tornou possíveis os avanços na Índia e em outros lugares. Borlaug desenvolveu variedades de trigo com grãos maiores e outras características que permitiam obter muito mais alimento por hectare de terra, aumentando a produtividade. (Conforme os grãos ficavam maiores, Borlaug percebeu que o trigo não se sustentava sob o próprio peso, assim diminuiu o comprimento das hastes, por isso suas variedades são conhecidas como trigo semianão.)

O trigo semianão se espalhou pelo mundo, outros fazendeiros obtiveram avanços similares com milho e arroz, e a produção triplicou na maioria das regiões. Os índices de fome despencaram, e hoje em dia Borlaug é considerado por muitos um salvador de bilhões de vidas. Ele recebeu o prêmio Nobel da paz em 1970, e o impacto de seu trabalho é sentido até hoje: praticamente todo trigo cultivado no mundo descende das plantas que cultivou. (Uma desvantagem dessas novas variedades é que precisam de muito fertilizante para atingir seu pleno potencial de crescimento e, como veremos mais adiante, isso tem efeitos colaterais negativos.) Adoro o fato de que um dos maiores heróis da história exercia uma profissão — agrônomo — da qual a maioria nunca ouviu falar.

Mas o que Norman Borlaug tem a ver com as mudanças climáticas? A população mundial caminha para os 10 bilhões de habitantes em 2100, e precisaremos de mais comida para alimentá-los. Como haverá 40% mais pessoas até o fim do século, seria natural pensar que precisaremos também aumentar em 40% a produção de alimento, mas não é o caso. Vamos precisar de mais ainda que isso.

O motivo é o seguinte: conforme as pessoas enriquecem, ingerem mais calorias e, em particular, comem mais carne e laticínios. E a produção de carne e laticínios exige o cultivo de mais alimentos de origem vegetal. Um frango, por exemplo, tem de ingerir o equivalente a duas calorias de grãos para render uma caloria de carne — ou seja, precisamos alimentar um frango com o dobro das calorias que serão obtidas com a carne do frango quando consumida. Um porco ingere o triplo das calorias que proporciona quando vira alimento. Para bovinos, a proporção é a mais elevada de todas: seis calorias de alimento para cada caloria de carne. Em outras palavras, quanto mais calorias obtemos dos animais, mais plantas precisamos cultivar para nutri-los.

O gráfico a seguir mostra as tendências no consumo mundial de carne — está basicamente estabilizado em Estados Unidos, Europa, Brasil e México, mas sobe bem depressa na China e em outros países em desenvolvimento.

Eis a dificuldade: precisamos produzir muito mais comida do que hoje, mas manter os mesmos métodos que usamos agora será um desastre para o clima. Presumindo que não haja nenhum crescimento na quantidade de alimento obtido por hectare de pasto ou de plantação, cultivar o suficiente para alimentar 10 bilhões de pessoas elevará em dois terços as emissões ligadas à alimentação.

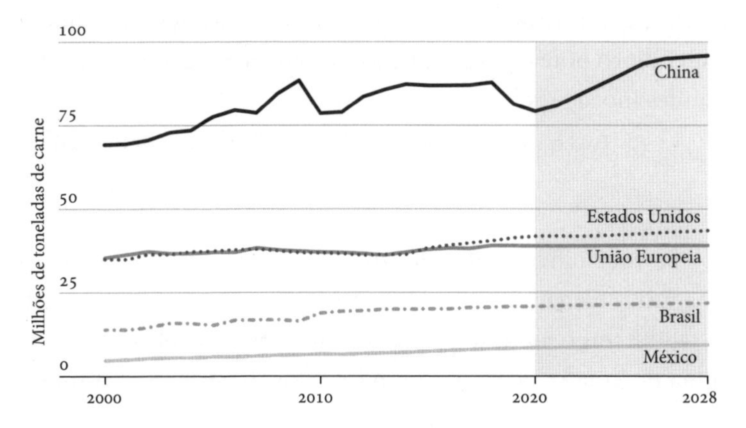

A maioria dos países não elevou tanto seu consumo de carne. Mas a China é uma grande exceção. (OECD-FAO Agricultural Outlook 2020)[5]

Outra preocupação: se fizéssemos um grande esforço para gerar energia a partir das plantas, poderíamos acidentalmente desencadear uma competição pelas terras de cultivo mundiais. Como explicarei no capítulo 7, biocombustíveis avançados feitos de coisas como a *Panicum virgatum*, uma gramínea, poderiam nos proporcionar alternativas de carbono zero para abastecer caminhões, navios e aviões. Mas, se aumentarmos o cultivo em terras que de outro modo seriam usadas para atender a uma população em crescimento, poderíamos inadvertidamente inflacionar o preço dos alimentos, empurrando mais pessoas para a pobreza e a desnutrição e ao mesmo tempo acelerando o já perigoso ritmo do desmatamento.

Para evitar essas armadilhas, precisaremos em anos vindouros de mais inovações tão relevantes como a produzida por Borlaug. Antes de examinar que avanços poderiam ser esses, porém, quero explicar de onde exatamente vêm todas essas emissões e explorar nossas opções para eliminá-las usando a tecnologia atual. Assim como fiz no capítulo anterior, usarei os Prêmios

Verdes para mostrar por que eliminar gases de efeito estufa é tão dispendioso hoje e para explicar por que precisamos de algumas grandes inovações.

O que nos leva às eructações bovinas e aos excrementos suínos.

Se você olhar dentro da barriga de uma pessoa, encontrará uma única câmara onde o alimento começa a ser digerido antes de seguir rumo ao trato gastrointestinal. Mas, se observar a anatomia de uma vaca, verá quatro câmaras. Esses compartimentos permitem ao animal se alimentar de grama e outras plantas que os humanos não conseguem digerir. Em um processo chamado fermentação entérica, bactérias na barriga da vaca quebram a celulose, fermentando-a e produzindo metano. A vaca arrota a maior parte do gás, enquanto uma pequena parte sai pela extremidade oposta, como flatulência.

(A propósito, quando você toca no assunto, pode acabar tendo algumas conversas esquisitas. Todo ano, Melinda e eu publicamos uma carta aberta sobre nosso trabalho, e em 2019 decidi escrever sobre essa questão da fermentação entérica no gado. Um dia, quando revisávamos uma primeira versão, Melinda e eu tivemos um debate saudável sobre quantas vezes eu podia usar a palavra "peido" na carta. Ela me permitiu uma só. Mas, como único autor deste livro, disponho de maior margem de manobra, e pretendo adotá-la.)

No mundo todo, cerca de 1 bilhão de cabeças de gado são criadas para fornecer carne e laticínios. O metano de seus arrotos e peidos exerce anualmente o mesmo efeito de aquecimento de 2 bilhões de toneladas de dióxido de carbono, correspondendo a cerca de 4% das emissões globais totais.[6]

Arrotar e peidar gás natural é um problema exclusivo de vacas e outros ruminantes, como ovelhas, cabras, veados e camelos.

Mas há também uma causa de emissões de gases de efeito estufa comum aos animais em geral: o cocô.

Quando o cocô se decompõe, libera um coquetel poderoso de gases de efeito estufa — na maior parte, óxido nitroso, além de um pouco de metano, enxofre e amônia. Cerca de metade das emissões ligadas a estrume vem dos suínos, e o restante, dos bovinos. A quantidade de cocô animal produzida é tanta que isso na verdade representa a segunda maior causa de emissões na agricultura, depois da fermentação entérica.

O que fazer com todo esse excremento, eructação e flatulência? É uma pergunta difícil. Os pesquisadores já testaram um monte de ideias para lidar com a fermentação entérica: vacinas para reduzir a população de micróbios metanogênicos que vivem no intestino do gado, cruzamentos para os animais naturalmente produzirem menos emissões, e suplementos ou medicações especiais em sua dieta. Essas tentativas, na maior parte, tiveram pouco sucesso, embora a exceção promissora seja um composto chamado 3-nitro-oxipropanol, que reduz as emissões de metano em 30%. No estágio atual de desenvolvimento da ideia, porém, seria preciso ministrá-lo ao gado pelo menos uma vez ao dia, então ainda não é viável para a maioria das operações de pecuária extensiva.

Mesmo assim, há motivos para acreditar que podemos cortar essas emissões sem nenhuma tecnologia nova e sem um Prêmio Verde significativo. A razão para isso é que a quantidade de metano produzido depende muito de onde vive o animal; por exemplo, o gado sul-americano emite cinco vezes mais gases de efeito estufa que o norte-americano, enquanto o africano é responsável por uma quantidade ainda maior. Se o animal for criado na América do Norte ou na Europa, provavelmente é de uma raça aperfeiçoada que converte a pastagem em leite e carne com maior eficiência. E esse rebanho também recebe melhores cuidados veterinários e alimentação de melhor qualidade, resultando numa produção menor de metano.

Se pudermos difundir raças aperfeiçoadas e melhores práticas de pecuária de forma mais ampla — antes de mais nada, cruzando o gado africano para ser mais produtivo e disponibilizando alimentação de melhor qualidade a um preço acessível —, reduziremos as emissões e ajudaremos criadores pobres a aumentar sua renda. O mesmo vale para o manejo do estrume: fazendeiros de países ricos têm acesso a várias técnicas que eliminam o esterco, produzindo ao mesmo tempo menos emissões. À medida que essas técnicas se tornarem mais baratas, vão ser adotadas pelos criadores mais pobres, aumentando nossas chances de baixar as emissões.

Um vegano radical talvez propusesse outra solução: *em vez de tentar todas essas maneiras de reduzir as emissões, deveríamos simplesmente acabar com criações de animais.* Entendo o apelo desse argumento, mas não creio que seja realista. Para começar, a carne desempenha um papel importante demais na cultura humana. Em muitas partes do mundo, mesmo onde esse tipo de alimento é escasso, comer carne é parte integrante de festivais e celebrações. Na França, a refeição gastronômica — que inclui entrada, carne ou peixe, queijo e sobremesa — está oficialmente listada como parte do Patrimônio Cultural Imaterial da Humanidade. Segundo explica o site da Unesco: "A refeição gastronômica enfatiza a união, o prazer do paladar e o equilíbrio entre os seres humanos e os produtos da natureza".[7]

Mas podemos diminuir o consumo de carne e ainda assim apreciar seu sabor. Uma opção é a carne vegetal: produtos à base de planta processados de várias maneiras para imitar o sabor da carne. Sou um investidor em duas empresas de produtos vegetais — a Beyond Meat e a Impossible Foods —, portanto sou suspeito para falar, mas acho a carne artificial muito boa. Quando preparada do jeito certo, é um substituto convincente para a carne moída. E todas as alternativas existentes no mercado são melhores para o meio ambiente, pois utilizam bem menos terra e água e são responsáveis por menos emissões. Também precisamos de menos grãos para produzi-las, reduzindo a pressão não apenas sobre as safras, como também sobre o uso de fertilizantes. E é um benefício inestimável para o bem-estar animal haver menos rebanhos mantidos em espaços confinados.

Porém, a carne artificial vem com um pesado Prêmio Verde. Em média, um substituto de carne moída custa 86% a mais do que carne de verdade[8]. Mas, à medida que as vendas dessas alternativas aumentam e mais produtos desse tipo entram no mercado, acredito que ficarão mais baratos que a carne animal.

Mas o grande problema da carne artificial diz respeito ao sabor, não ao preço. Embora seja fácil imitar a textura do hambúrguer com vegetais, é bem mais difícil levar alguém a pensar que está realmente comendo contrafilé ou peito de frango. Será que um número considerável de pessoas apreciará a carne artificial a ponto de topar essa troca, fazendo uma diferença significativa?

Algumas evidências apontam que sim. Admito que até eu fiquei surpreso com o desempenho da Beyond Meat e da Impossible Foods, sobretudo considerando os tropeços iniciais. Em seus primórdios, compareci a uma demonstração da Impossible na qual o hambúrguer ficou tão torrado que disparou o alarme de fumaça. É espantoso como os produtos deles estão amplamente disponíveis, pelo menos na região de Seattle e nas cidades que visito. A Beyond Meat fez um IPO (oferta pública inicial, na sigla em inglês) muito bem-sucedido em 2019. Talvez ainda leve uma década, mas creio que, à medida que os produtos se tornarem melhores e mais baratos, pessoas preocupadas com as mudanças climáticas e o meio ambiente optarão por eles.

Existe uma alternativa semelhante à carne vegetal, mas, em vez de cultivarmos plantas e depois fazê-las passar por processamento para obter sabor parecido com o de um bife, a própria carne é cultivada em laboratório. Esse produto recebe nomes pouco convidativos, como "carne à base de células", "carne cultivada" e "carne limpa", e há vinte e poucas startups trabalhando para transformá-la em realidade, embora seus produtos provavelmente só devam chegar às prateleiras dos supermercados em meados da década de 2020.

Tenha em mente que não se trata de carne *falsa*. A carne cultivada possui gordura, músculos e tendões como a de qualquer bípede ou quadrúpede. Mas, em vez de ser criada numa fazenda, é produzida em laboratório. Os cientistas partem de células extraídas de um animal vivo, deixam que haja multiplicação celular e depois conduzem o crescimento de modo a formar os tecidos que estamos acostumados a comer. Tudo isso pode ser feito com pouca ou nenhuma emissão de gases de efeito estufa, a não ser pela eletricidade necessária para fazer funcionar o laboratório onde o processo é realizado. O desafio dessa alternativa está no preço, e não se sabe até que ponto seu custo pode cair.

Mas os dois tipos de carne artificial têm outro grande desafio pela frente. Pelo menos dezessete estados americanos tentam impedir esses produtos de serem rotulados como "carne" nas lojas. Um estado propôs a proibição total de sua venda. Assim, mesmo com a tecnologia se aperfeiçoando e com produtos cada vez mais baratos, precisaremos de um debate público saudável sobre como essas alternativas devem ser regulamentadas, embaladas e vendidas.

Por fim, outra maneira de diminuir as emissões de nossa alimentação é desperdiçando menos comida. Na Europa, em regiões industrializadas da Ásia e na África subsaariana, mais de 20% do alimento é simplesmente descartado, apodrece ou é desperdiçado de algum modo; nos Estados Unidos, 40%. Isso é ruim para pessoas que não têm o suficiente para comer, ruim para a economia e ruim para o clima. Quando a comida desperdiçada apodrece, produz uma quantidade de metano capaz de causar um aquecimento equivalente ao de 3,3 bilhões de toneladas de dióxido de carbono por ano.

A solução mais importante é a mudança comportamental — aproveitar tudo o que temos. Mas a tecnologia pode ajudar. Por exemplo, duas empresas estão trabalhando em uma película à base de vegetais que prolonga a durabilidade de frutas e legumes; ela é comestível e não influencia em nada o sabor. Outra desenvolveu uma "lata de lixo inteligente", que usa reconhecimento de imagem para monitorar a quantidade de comida sendo desperdiçada na casa ou no local de trabalho. O dispositivo fornece um relatório do que foi descartado, junto com o custo e a pegada de carbono. O sistema talvez pareça invasivo, mas proporcionar às pessoas mais informações as ajuda a fazer escolhas melhores.

Há alguns anos, entrei em um depósito em Dar es Salaam, na Tanzânia, e vi algo que me deixou entusiasmado: pilhas e mais pilhas de fertilizante sintético, milhares de toneladas. O depósito faz parte do centro de distribuição Yara, o maior do gênero na África Oriental. Dando uma volta pelo lugar, conversei com trabalhadores que enchiam sacos e mais sacos com minúsculas pastilhas brancas contendo nitrogênio, fósforo e outros elementos que em breve nutririam plantações nas regiões mais pobres do mundo.

Esse é o tipo de viagem que adoro fazer. Sei que soa ridículo dizer isso, mas, para mim, o fertilizante é mágico, e não só porque deixa nossos quintais e jardins mais bonitos. Junto com o trigo semianão de Norman Borlaug e com as novas variedades de milho e arroz, o fertilizante sintético foi um fator fundamental na revolução agrícola que mudou o mundo nas décadas de 1960 e 1970. Estima-se que, se não pudéssemos fabricar fertilizantes sintéticos, a população mundial seria entre 40% e 50% menor do que a atual.

Um passeio pelo centro de distribuição de fertilizantes Yara, em Dar es Salaam, na Tanzânia, em 2018. Eu me diverti até mais do que a foto sugere.

Hoje o mundo já utiliza muitos fertilizantes, e os países pobres deveriam usar mais. A revolução agrícola que mencionei — com frequência chamada de Revolução Verde — passou praticamente batido pela África, onde um agricultor típico produz apenas um quinto do alimento por hectare de terra em relação à produção de um americano. Isso acontece porque em países pobres a maioria dos produtores não possui crédito suficiente para comprar fertilizantes, que são mais caros do que nos países ricos porque precisam ser transportados para áreas rurais por estradas precárias. Se pudermos ajudar os agricultores pobres a elevar sua produção, eles ganharão mais dinheiro e poderão comer melhor, e milhões de pessoas nos países mais pobres do mundo terão acesso a mais alimentos e aos nutrientes de que necessitam. (Falaremos disso em mais detalhes no capítulo 9.)

Por que o fertilizante é tão mágico? Porque fornece nutrientes essenciais às plantas, como fósforo, potássio e aquele que é mais relevante para as mudanças climáticas: nitrogênio. O nitrogênio é uma faca de dois gumes. Está profundamente ligado à fotossíntese, processo pelo qual as plantas transformam a luz solar em energia, possibilitando toda a vida vegetal — e portanto todo o nosso alimento. Mas também agrava demais as mudanças climáticas. Para compreender o motivo, precisamos falar do que esse elemento faz pelas plantas.

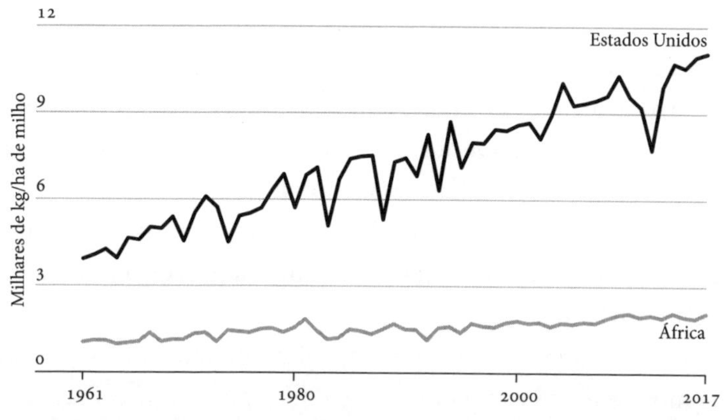

Há um abismo na agricultura. Graças aos fertilizantes e a outros aperfeiçoamentos, o fazendeiro americano hoje produz mais milho por área de terreno do que nunca. Mas a produtividade do agricultor africano praticamente não mudou. Diminuir esse abismo salvará vidas e ajudará as pessoas a escapar da pobreza, mas sem inovação também agravará as mudanças climáticas. (FAO)[9]

Para cultivar nossas safras, precisamos de toneladas de nitrogênio — muito mais do que seria possível encontrar em um ambiente natural. É adicionando nitrogênio que criamos pés de milho de três metros de altura e conseguimos imensas quantidades de sementes. Estranhamente, a maioria das plantas é incapaz de produzir seu próprio nitrogênio; em vez disso, elas o obtêm a partir da amônia no solo, gerada por vários micro-organismos. Uma planta continuará a crescer enquanto puder obter nitrogênio e cessará assim que gastá-lo todo. É por isso que seu uso na agricultura promove o crescimento.

Durante milênios, o ser humano injetou nitrogênio extra em suas plantações usando fertilizantes naturais, como esterco e guano de morcego. A grande revolução veio em 1908, quando dois químicos alemães chamados Fritz Haber e Carl Bosch descobriram como produzir amônia em uma fábrica usando nitrogênio e hidrogênio. A importância dessa invenção é quase imensurável. O que é conhecido hoje como processo Haber-Bosch possibilitou a criação dos fertilizantes sintéticos, expandindo enormemente tanto a capacidade de cultivo como o alcance geográfico de onde podia ser feito, e continua sendo o principal método pelo qual obtemos amônia hoje. Assim como Norman Borlaug é um dos grandes heróis desconhecidos da história, o processo Haber-Bosch talvez seja uma das invenções mais importantes de que a maioria nunca ouviu falar.*

O problema é o seguinte: os micro-organismos produtores de nitrogênio consomem uma boa dose de energia no processo. Tanta energia, na verdade, que evoluíram para fazer isso apenas quando têm necessidade absoluta — quando não existe nitrogênio nenhum nas proximidades. Se detectam algum nitrogênio no solo, param de produzi-lo, de modo a poupar a energia para outra coisa. Assim, quando acrescentamos fertilizantes sintéticos, os organismos naturais da terra percebem o nitrogênio e param de produzi-lo por conta própria.

Os fertilizantes sintéticos também têm outras desvantagens.

* Fritz Haber teve uma história controversa. Além de seu trabalho vital com a amônia, foi também pioneiro no uso de cloro e outros gases venenosos como armas químicas na Primeira Guerra Mundial.

Para fabricá-los, temos de produzir amônia, o que exige calor, obtido através da queima de gás natural, que produz gases de efeito estufa. Em seguida, para transportá-los de seu lugar de fabricação ao depósito de armazenamento (como as instalações que visitei na Tanzânia) e depois para a lavoura onde será utilizado, empregamos caminhões movidos a combustível fóssil. Por fim, depois que o fertilizante é aplicado no solo, grande parte do nitrogênio que contém não é absorvida pela planta. Na verdade, na média mundial, as lavouras aproveitam menos da metade do nitrogênio despejado nos campos. O resto é absorvido pelo solo ou por águas superficiais, causando poluição, ou escapa para o ar na forma de óxido nitroso — que, como você deve lembrar, possui 265 vezes o potencial de aquecimento climático do dióxido de carbono. Fechando a conta, os fertilizantes foram responsáveis por cerca de 1,3 bilhão de toneladas de emissões de gases de efeito estufa em 2010, e o número provavelmente subirá para 1,7 bilhão de toneladas até meados do século. O que o Haber-Bosch dá, o Haber-Bosch tira.

Infelizmente, no momento não existe alternativa prática para um fertilizante de carbono zero. É verdade que poderíamos nos livrar das emissões envolvidas em sua fabricação usando eletricidade limpa, em lugar de combustíveis fósseis, para sintetizar amônia, mas trata-se de um processo caro que elevaria de forma considerável o preço do produto. Nos Estados Unidos, por exemplo, o uso desse método para produzir ureia, um fertilizante à base de nitrogênio, elevaria seu custo em mais de 20%.

Mas essas são apenas as emissões para *produzir* os fertilizantes. Não temos nenhum modo de capturar os gases de efeito estufa provocados por sua *aplicação*. Não existe equivalente da captura de carbono para o óxido nitroso. Isso significa que não há como calcular um Prêmio Verde completo para fertilizantes de carbono zero — o que de antemão indica uma informação útil, pois nos alerta de que necessitamos de inovações consideráveis nessa área.

Tecnicamente, é possível fazer as plantações absorverem nitrogênio com muito mais eficiência do que hoje em dia, se os agricultores dispuserem da tecnologia para monitorar com bastante cuidado seus níveis de nitrogênio e aplicar fertilizantes na quantidade exata durante a temporada de cultivo. Mas trata-se de um processo que consome tempo e dinheiro, e fertilizantes custam pouco (pelo menos nos países ricos). Sai mais barato aplicar mais do que o necessário, sabendo que pelo menos o suficiente para maximizar o crescimento de suas colheitas está sendo fornecido.

Algumas empresas desenvolveram aditivos para ajudar as plantas na absorção de mais nitrogênio, reduzindo a quantidade que alcança os lençóis freáticos ou evapora para a atmosfera. Mas esses aditivos são empregados em apenas 2% dos fertilizantes produzidos no mundo, pois nem sempre funcionam bem, e os fabricantes não investem muito em aperfeiçoá-los.

Outros pesquisadores trabalham em diferentes maneiras de resolver o problema do nitrogênio. Por exemplo, uma equipe realiza pesquisa genética em novas variedades de cultivos capazes de mobilizar bactérias para obtenção de nitrogênio. Além disso, uma empresa desenvolveu micróbios geneticamente modificados que fixam nitrogênio; na prática, em vez de acrescentar nitrogênio por meio de um fertilizante, adicionamos ao solo bactérias que produzem nitrogênio de forma constante, mesmo quando ele já está presente. Se esses métodos funcionarem, reduzirão drasticamente a necessidade de fertilizantes, bem como as emissões que eles originam.

Tudo o que você acabou de ler — que descrevo em termos amplos como agricultura — responde por cerca de 70% das emissões de cultivos, silvicultura e outros usos da terra. Se tivesse de resumir os demais 30% numa palavra, seria "desmatamento".

Segundo o Banco Mundial, o mundo perdeu 1,3 milhão de quilômetros quadrados de cobertura vegetal desde 1990.[10] (Uma área maior do que a África do Sul ou o Peru, e uma diminuição de cerca de 3%.) O desmatamento traz um impacto óbvio e imediato — quando as árvores queimam, por exemplo, liberam rapidamente o dióxido de carbono que contêm —, mas também causa danos mais difíceis de perceber. Quando derrubamos árvores, mexemos com o solo, e há muito carbono armazenado na terra (na verdade, há mais carbono no solo do que na atmosfera e em toda a vida vegetal juntas). Se as árvores são removidas, esse carbono armazenado é liberado na atmosfera como dióxido de carbono.

O desmatamento seria mais combatido com mais facilidade se ocorresse pelas mesmas razões em todos os lugares, mas, infelizmente, não é o caso. No Brasil, por exemplo, a maior parte da destruição da Floresta Amazônica nas últimas décadas se deveu à criação de pastagens para o gado. (As florestas brasileiras encolheram em 10% desde 1990.) E, como o alimento é uma mercadoria global, o que é consumido em um país pode levar a mudanças no uso da terra em outro. Conforme o mundo ingere mais carne, o desmatamento na América Latina acelera. Mais hambúrgueres em algum lugar correspondem a menos árvores em outro.

E todas essas emissões se acumulam rápido. Um estudo do Instituto de Recursos Mundiais descobriu que, se levarmos em conta as mudanças no uso da terra, a dieta típica americana é responsável por quase tantas emissões quanto toda a energia que sua população usa na geração de eletricidade, na manufatura, no transporte e na construção civil.[11]

Mas, em outras partes do mundo, o desmatamento não tem a ver com o aumento da produção de hambúrgueres e filés. Na África, por exemplo, é uma questão de limpar terreno para produzir alimento e combustível para uma população em crescimento. A Nigéria, com uma das taxas de desmatamento mais elevadas do mundo, perdeu mais de 60% de sua cobertura vegetal desde 1990, e é uma das maiores exportadoras mundiais de carvão vegetal, que é produzido com a queima da madeira.

Na Indonésia, por outro lado, as florestas estão sendo derrubadas para dar lugar a plantações de palmeiras, que fornecem o óleo de palma (ou azeite de dendê) encontrado em tanta coisa, da pipoca de cinema ao xampu. É uma das principais razões que leva o país a ser o quarto maior emissor de gases de efeito estufa do mundo.[12]

Gostaria de poder mencionar aqui alguma invenção revolucionária para deixar as florestas do mundo mais seguras. Certas coisas facilitam, como o monitoramento avançado por satélite, que ajuda a identificar áreas desmatadas e incêndios florestais no momento em que acontecem e, posteriormente, a mensurar a extensão dos danos. Também sei de empresas que estão desenvolvendo alternativas sintéticas para o óleo de palma, para que não seja necessário derrubar tanta mata nativa para cultivar o produto.

Mas o problema não é tecnológico, em primeiro lugar. É político e econômico. As pessoas derrubam árvores não porque são más; fazem isso quando os incentivos para derrubar árvores são mais fortes do que os incentivos para deixá-las em pé. Portanto, precisamos de soluções políticas e econômicas, o que inclui pagar os países para conservar suas florestas, impondo regulamentações destinadas a proteger certas áreas e assegurando que as comunidades rurais tenham diferentes oportunidades econômicas, de modo que não precisem extrair os recursos naturais apenas para sobreviver.

Você já deve ter ouvido falar nesta solução para as mudanças climáticas: o plantio de árvores como maneira de capturar dióxido de carbono da atmosfera. Embora soe como uma ideia simples — a captura de carbono mais barata e menos tecnológica possível — e exerça um apelo óbvio a todos nós que amamos árvores, isso na verdade toca numa questão muito complicada. O efeito do reflorestamento sobre as mudanças climáticas ainda precisa ser mais estudado, mas, por ora, parece superestimado.

Como costuma ser o caso tantas vezes no aquecimento global, precisamos levar em consideração uma série de fatores...

Quanto dióxido de carbono uma árvore pode absorver em seu tempo de vida? Varia, mas um cálculo aproximado útil é quatro toneladas a cada quarenta anos.

Quanto tempo sobreviverá a árvore que você plantou? Muito, mas, se queimar, todo o dióxido de carbono armazenado nela será liberado na atmosfera.

O que teria acontecido se você não a tivesse plantado? Não há nenhuma absorção de carbono adicional se a árvore foi plantada onde já cresceria naturalmente.

Em que parte do mundo sua árvore será plantada? Levando tudo em conta, árvores em regiões de neve causam mais aquecimento que resfriamento, pois são mais escuras que a neve e o gelo no solo, e superfícies escuras absorvem mais calor do que as claras. Por outro lado, árvores em florestas tropicais causam mais resfriamento do que aquecimento, pois liberam muita umidade, que se condensa em nuvens, refletindo a luz solar. Árvores em latitudes médias — entre os trópicos e os círculos polares — deixam o jogo empatado, por assim dizer.

Havia outra vegetação crescendo no local? Se, por exemplo, você elimina uma fazenda de soja e a substitui por uma floresta, reduz a quantidade total de soja disponível, o que eleva o preço, aumentando a probabilidade de que árvores sejam cortadas em algum outro lugar para essa monocultura. Isso anulará parte do bem que você fez ao plantar suas árvores.

Levando em conta todos esses fatores, a matemática sugere que precisamos de algo em torno de vinte hectares de plantio de árvores em áreas tropicais para absorver as emissões produzidas pelo americano médio ao longo da vida. Multiplique pela população dos Estados Unidos e o resultado são mais de 6 bilhões de hectares, ou 65 milhões de quilômetros quadrados, quase metade da massa terrestre mundial. Essas árvores teriam de ser mantidas para sempre. E estamos falando só dos Estados Unidos — ainda não consideramos as emissões de nenhum outro país.

Não me leve a mal: árvores trazem todo tipo de benefícios, seja estéticos, seja ambientais, e deveríamos plantar sempre mais. Na maior parte das vezes, só conseguimos cultivar árvores nos lugares onde já crescem, de modo que o plantio pode ajudar a desfazer os danos causados pelo desmatamento. Mas não existe uma maneira viável de plantá-las em quantidade suficiente para lidar com os problemas causados pela queima de combustíveis fósseis. A estratégia florestal mais eficaz para combater as mudanças climáticas é parar de cortar tantas árvores.

A consequência disso tudo é que em breve precisaremos produzir 70% mais alimento ao mesmo tempo que diminuímos as emissões e trabalhamos para eliminá-las por completo. Isso exigirá inúmeras mudanças, incluindo novos métodos de fertilizar plantações e criar animais, menos desperdício de alimentos e uma mudança de hábito entre a população dos países ricos — diminuir o consumo de carne, por exemplo. Mesmo que os hambúrgueres façam parte de sua história familiar.

7. Como transportamos as coisas

16% de 51 bilhões de toneladas por ano

Vamos começar com um rápido teste — só duas perguntas.

1. O que contém mais energia?
a. Um galão de gasolina
b. Uma banana de dinamite
c. Uma granada de mão

2. O que é mais barato nos Estados Unidos?
a. Um galão de leite
b. Um galão de suco de laranja
c. Um galão de gasolina

As respostas corretas são *a* e *c*: gasolina. A gasolina contém uma quantidade assombrosa de energia — seriam necessárias 130 bananas de dinamite para obtermos a mesma energia de um único galão de gasolina. Claro, a dinamite libera toda a energia de uma vez, enquanto a gasolina queima mais lentamente — o que é só um dos motivos para enchermos o tanque de nossos carros com gasolina, e não com explosivos.

Nos Estados Unidos, a gasolina também é incrivelmente barata, ainda que talvez nem sempre tenhamos essa impressão quando paramos num posto. Além do leite e do suco de laranja, aqui estão outras coisas mais caras que a gasolina, pensando em termos de galão: água engarrafada Dasani, iogurte, mel, sabão em pó, xarope de bordo, álcool em gel, *latte* do Starbucks, energético Red Bull, azeite de oliva e o popular vinho Charles Shaw, também conhecido como "Two Buck Chuck", encontrado nos minimercados Trader Joe's. Isso mesmo — se considerarmos um galão como medida, *a gasolina é mais barata do que vinho vagabundo.*

Enquanto lê o resto do capítulo, tenha em mente dois fatos sobre a gasolina: ela é potente e barata.* Isso é um bom lembrete de que a gasolina permanece o padrão-ouro da relação entre energia obtida por dólar gasto. À parte produtos similares, como diesel e combustível de aviação, nada em nossa vida diária chega perto de render tanta energia por galão a um custo tão baixo.

Os conceitos análogos de energia proporcionada por unidade de combustível e por dólar gasto serão essenciais para procurarmos modos de descarbonizar nosso sistema de transportes. Como sem dúvida você sabe, a queima de combustíveis dos carros, navios e aviões emite dióxido de carbono, que contribui para o aquecimento global. Para chegar a zerar as emissões, precisaremos substituir esses combustíveis por algo que não só tenha densidade energética, como também seja barato.

* Claro que, se a pessoa depende do carro, a gasolina é uma necessidade maior do que as outras coisas listadas. Monitorando seus gastos, ela sentirá antes a elevação dos preços da gasolina do que, digamos, do azeite de oliva, que pode tranquilamente decidir não comprar. Mas isso não invalida o argumento de que, entre as coisas que consumimos com regularidade, a gasolina é relativamente barata.

O leitor talvez se surpreenda por eu ter demorado tanto para tratar disso neste livro, e com o fato de que o transporte contribui com apenas 16% das emissões globais, ficando em quarto lugar, atrás das coisas que fabricamos, que ligamos na tomada e que cultivamos. Também fiquei surpreso quando descobri, e desconfio que a maioria pensa do mesmo modo. Se parássemos estranhos na rua e perguntássemos quais atividades mais contribuem para as mudanças climáticas, a resposta provavelmente seria queimar carvão para obter eletricidade, andar de carro e voar de avião.

A confusão é compreensível: embora o transporte não seja a maior causa de emissões no mundo, é a número um *nos Estados Unidos*, e isso já faz alguns anos, superando a produção de eletricidade. Nós americanos andamos de carro e voamos um bocado.

Em todo caso, se pretendemos zerar as emissões líquidas, temos de nos livrar de todos os gases de efeito estufa causados pelos transportes, nos Estados Unidos e no mundo.

Será difícil? Dificílimo. Mas não impossível.

Durante os primeiros 99,9% da história humana, conseguíamos nos deslocar por aí sem nenhuma dependência de combustíveis fósseis: caminhando, montados em animais e navegando. Então, no início do século XIX, descobrimos como mover locomotivas e embarcações usando a força do carvão e nunca mais voltamos atrás. Em um século, os trens atravessavam continentes inteiros, e os navios transportavam gente e produtos através dos oceanos. O automóvel a gasolina surgiu no fim do século, acompanhado no início do seguinte pela viagem aérea comercial, essencial para a economia globalizada de hoje.

Embora mal tenham transcorrido duzentos anos desde a primeira queima para fins de transporte, já nos tornamos fundamentalmente dependentes dos combustíveis fósseis. Nunca abriremos mão deles sem um substituto quase tão barato e eficaz para realizar viagens de longa distância.

Eis outro desafio: não precisamos eliminar apenas os 8,2 bilhões de toneladas de carbono gerados pelo transporte atualmente; teremos de nos livrar de muito mais que isso. A Organização para Cooperação e Desenvolvimento Econômico prevê que a demanda por transporte continuará aumentando até 2050, no mínimo — já contabilizando o fato de que a covid-19 limitou as trocas e as viagens.[1] Todo o crescimento de emissões nesse setor vem da aviação, do transporte rodoviário e da navegação mercante — não do automóvel de passeio. A navegação mercante atualmente transporta 90% do volume de produtos comercializados no mundo todo, gerando quase 3% das emissões mundiais.

Boa parte das emissões dos transportes vem dos países ricos, mas a maioria deles atingiu o pico na última década e inclusive registrou alguma queda desde então. Hoje em dia, quase todo o crescimento das emissões nos transportes se dá nos países em desenvolvimento, à medida que suas populações crescem, enriquecem e compram mais carros. Como sempre, a China é o maior exemplo: suas emissões no transporte dobraram na última década e são dez vezes maiores tomando como base o ano de 1990.

Correndo o risco de soar como um disco riscado, aplicarei no transporte o mesmo argumento que usei para a energia, a manufatura e a agricultura: *deveríamos ficar felizes por haver cada vez mais pessoas e produtos viajando por toda parte.* A capacidade de locomoção entre a zona rural e a urbana é uma forma de liberdade pessoal, sem mencionar que se trata de uma questão de sobrevivência para os agricultores nos países pobres que precisam fazer suas colheitas chegarem ao mercado. Voos internacionais conectam o mundo de maneiras inimagináveis há um século; a possibilidade de conhecermos povos de outros países ajuda a compreender nossos pontos em comum. E, antes do transpor-

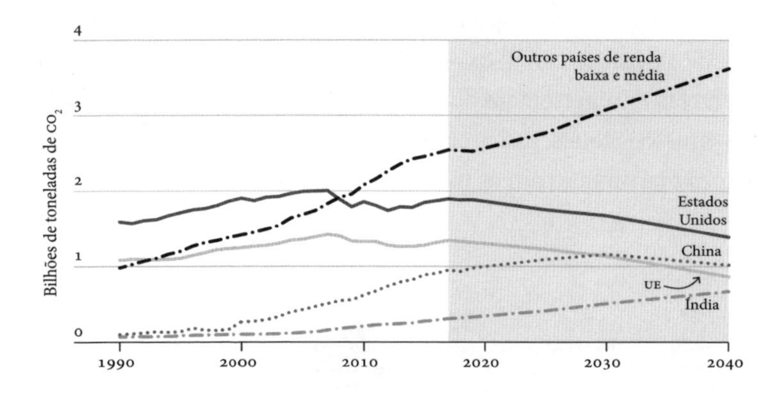

A covid-19 está diminuindo — mas não interrompendo — o crescimento das emissões relativas aos transportes. Embora em muitos lugares as emissões possam encolher, elas vão crescer tanto em países de baixa e média renda que o efeito global será um aumento de gases de efeito estufa. (IEA World Energy Outlook 2020; Rhodium Group)[2]

te moderno, nossas escolhas alimentares eram bem limitadas na maior parte do ano. Adoro uvas e gosto de comê-las o ano todo. Mas só posso fazer isso graças aos navios cargueiros movidos a combustível fóssil que trazem frutas da América do Sul.

Então como extrair todos os benefícios das viagens e dos transportes sem deixar o clima inviável? Será que dispomos de toda a tecnologia necessária ou precisaremos de inovações?

Para responder a essas perguntas, devemos calcular os Prêmios Verdes para o transporte. Começaremos por investigar mais a fundo de onde se originam as emissões.

O gráfico de pizza a seguir mostra a porcentagem de emissões causadas por carros, caminhões, aviões, navios e outros. Nosso objetivo é fazer cada categoria chegar a zero líquido.

Note que veículos de passeio (carros, SUVs, motocicletas e assim por diante) são responsáveis por quase metade das emissões. Veículos pesados e médios — o que inclui desde caminhões de lixo a carretas — representam outros 30%. Aviões contribuem com 10% das emissões totais, assim como navios cargueiros e outras embarcações marítimas, com os trens respondendo pelo resto.*

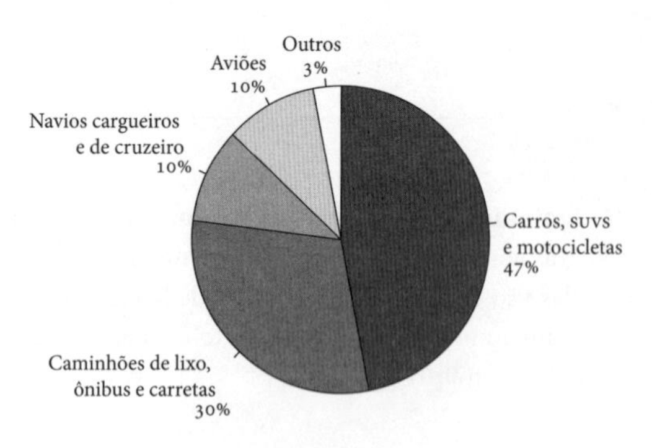

Os carros não são os únicos culpados. Os veículos de passeio são responsáveis por cerca de metade de todas as emissões ligadas aos transportes. (International Council on Clean Transportation)[3]

Analisemos uma coisa de cada vez, a começar pela maior fatia do gráfico — carros e motocicletas —, e vejamos as atuais opções para nos livrar das emissões.

Carros de passeio. Há cerca de 1 bilhão de carros rodando pelo mundo.[4] Só em 2018, acrescentamos aproximadamente 24 milhões de carros de passeio, depois de contabilizados os que foram tirados de circulação.[5] Como a queima da gasolina libera gases de efeito estufa, precisamos de uma alternativa — com-

* Lembrando que levo em conta apenas as emissões do combustível que vários veículos queimam. As emissões de sua fabricação — a produção de aço e plástico, a operação das fábricas e assim por diante — entram na categoria "Como fabricamos as coisas" e são analisadas no capítulo 5.

bustíveis feitos com o carbono que já está no ar, em vez do que está presente nos combustíveis fósseis, ou alguma outra forma de energia completamente diferente. Comecemos pela segunda opção. Por sorte, temos outra forma de energia que — embora longe de perfeita — já mostrou na prática que funciona. E carros que a utilizam provavelmente já estão sendo vendidos em uma concessionária perto de você.

Hoje em dia, é possível comprar um automóvel 100% elétrico de quase qualquer marca: Audi, BMW, Chevrolet, Citroën, Fiat, Ford, Honda, Hyundai, Jaguar, Kia, Mercedes-Benz, Nissan, Peugeot, Porsche, Renault, Smart, Tesla, Volkswagen e outros fabricantes numerosos demais para mencionar, inclusive chineses e indianos. Eu mesmo tenho um carro elétrico e adoro.

Embora esses veículos costumassem ser mais caros do que suas versões movidas a gasolina (e continuam sendo a opção menos em conta hoje), a diferença caiu drasticamente nos últimos anos. Isso se deve em boa medida a uma grande queda no custo das baterias — uma redução de 87% desde 2010 —, além dos vários incentivos fiscais e compromissos do governo americano para levar mais carros de emissão zero às ruas. Mas os veículos elétricos ainda exigem o pagamento de um modesto Prêmio Verde.

Por exemplo, considere dois carros produzidos pela Chevrolet: o Malibu, movido a gasolina, e o Bolt EV, 100% elétrico.

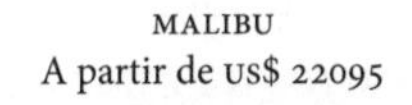
MALIBU
A partir de US$ 22095

Quilômetros por litro: cidade 12 / estrada 15
Carga: 4,5 metros cúbicos
Potência: 250 cv

BOLT EV
A partir de US$ 36620

Autonomia: 400 quilômetros
Carga: 16 metros cúbicos
Potência: 200 cv

Chevy contra Chevy. O Malibu, a gasolina, e o Bolt EV, elétrico. (Chevrolet)[6]

Suas características são bem semelhantes em termos de potência do motor, espaço para passageiros e assim por diante. O Bolt custa 14 mil dólares a mais (sem considerar incentivos fiscais que possam barateá-lo), mas não é possível calcular o Prêmio Verde usando apenas o preço de aquisição do carro. Deve-se levar em conta não só o custo de comprar um automóvel, mas também o de *manter* um. É preciso incluir no cálculo o fato de que veículos elétricos exigem menos manutenção, por exemplo, e funcionam com eletricidade em vez de gasolina. Por outro lado, como os veículos elétricos são mais caros, o seguro também é.

Quando consideramos todas essas diferenças e calculamos o custo total, o Bolt sai cerca de seis centavos mais caro por quilômetro rodado que o Malibu.[7]

O que significam seis centavos por quilômetro? Se você rodar 19 mil quilômetros por ano, representa um prêmio anual de 1200 dólares — de forma nenhuma pode ser considerado desprezível, mas é baixo o bastante para fazer dos veículos elétricos uma opção a ser considerada por muitos compradores. E isso é a média nacional nos Estados Unidos. O Prêmio Verde é diferente em outros países — o principal fator sendo a diferença entre o custo da eletricidade e o da gasolina. (Eletricidade mais barata ou gasolina mais cara tornarão o Prêmio Verde menor.) Em algumas partes da Europa, os preços da gasolina são tão altos que o Prêmio Verde para os veículos elétricos já zerou. Mesmo nos Estados Unidos, à medida que os preços da bateria continuam a cair, prevejo que o prêmio para a maioria dos carros irá zerar até 2030.

É uma ótima notícia, e deveríamos colocar um monte de veículos elétricos nas ruas à medida que se tornarem mais acessíveis. (Falarei mais sobre como podemos fazer isso no fim deste capítulo.) Mas, mesmo em 2030, haverá alguns inconvenientes para os veículos elétricos em relação aos movidos a gasolina.

Um deles é que o preço da gasolina varia muito, e os elétricos são a opção mais barata apenas quando o custo do combustível está em certo patamar. Em determinado momento de maio de 2020, o preço médio da gasolina nos Estados Unidos havia caído para 1,77 dólar por galão; quando a gasolina fica tão barata assim, os elétricos não conseguem competir — não tem jeito, as baterias são caras demais. Com o preço das baterias atuais, donos de veículos elétricos economizam apenas se a gasolina custa mais de 3 dólares por galão.

Outra desvantagem é que leva uma hora ou mais para carregar completamente um carro elétrico, mas um carro a gasolina pode ser abastecido em menos de cinco minutos. Além disso, só é possível evitar emissões de carbono se geramos eletricidade com fontes de carbono zero. Essa é outra razão para os avanços mencionados no capítulo 4 serem tão importantes. Se obtivermos nossa energia de termelétricas e depois carregarmos nossos carros com eletricidade gerada a carvão, simplesmente estaremos trocando um combustível por outro.

Além do mais, levará tempo para tirar das ruas todos os nossos carros a gasolina. Em média, após deixar a linha de montagem, um automóvel se mantém em circulação por mais de treze anos antes de conhecer seu destino final no pátio do ferro-velho. Esse longo ciclo de vida significa que, se quisermos que todos os carros de passeio nos Estados Unidos funcionem a eletricidade até 2050, os veículos elétricos teriam de representar quase a totalidade das vendas nos próximos quinze anos. Hoje, estão em menos de 2%.

Como mencionei, outra maneira de chegar a zero é passarmos a combustíveis líquidos alternativos que utilizam o carbono que já estava na atmosfera. Quando você queima esses combustíveis, não adiciona carbono extra no ar — apenas devolve o carbono ao lugar em que estava quando o combustível foi produzido.

Quando vemos a expressão "combustíveis alternativos", podemos pensar no etanol, um biocombustível normalmente feito de milho, cana-de-açúcar ou beterraba. Se você vive nos Estados Unidos, é provável que seu carro já use um pouco de biocombustível — a maior parte da gasolina vendida na América contém 10% de etanol, praticamente todo ele fabricado a partir do milho. Há carros no Brasil que funcionam 100% à base de etanol de cana-de-açúcar. Outros poucos países utilizam algum etanol.

Eis o problema: o etanol à base de milho não é carbono zero e, a depender de como é produzido, pode nem ser de baixo carbono. O cultivo exige fertilizantes. O processo de refino, quando as plantas são transformadas em combustível, também gera emissões. E a agricultura para fabricação de combustível ocupa um terreno que de outro modo seria utilizado para cultivar alimento — o que pode forçar os fazendeiros a desmatar para ter onde plantar.

Mas os combustíveis alternativos não são uma causa perdida. Existem biocombustíveis avançados, de segunda geração, que não geram os problemas vinculados aos biocombustíveis convencionais. Eles podem ser feitos de plantas que não são cultivadas como alimento — a menos que você seja um ávido fã de salada da variedade de capim *Panicum virgatum* — ou de resíduos da agricultura (como talos de milho), de subprodutos da fabricação do papel e até de sobras de comida e podas residenciais. Por não serem cultivos alimentares, requerem pouco ou nenhum fertilizante, e não precisam ocupar uma terra cultivável que poderia ser dedicada a produzir alimento para pessoas ou animais.

Alguns biocombustíveis avançados serão o que os especialistas chamam de "drop-in" — podemos usá-los em um motor convencional sem nenhuma modificação. Outro benefício: podemos transportá-los usando os petroleiros, oleodutos e demais infraestruturas em cuja construção e manutenção já gastamos bilhões de dólares.

Sou otimista com os biocombustíveis, mas trata-se uma área

complicada. Tive uma experiência pessoal que mostra como é difícil conseguir inovar. Há alguns anos, soube de uma empresa americana com um processo patenteado para converter biomassa, como árvores, em combustíveis. Visitei a fábrica, fiquei impressionado com o que vi e, após as devidas considerações, investi 50 milhões de dólares na empresa. Mas a tecnologia não era boa o bastante — em razão de vários desafios técnicos, o processo estava longe de produzir o volume necessário para ser viável economicamente —, e a fábrica que visitei acabou fechando. Foi uma aposta perdida, mas não lamento. Temos de explorar diversas ideias, mesmo sabendo que muitas vão fracassar.

Infelizmente, a pesquisa em biocombustíveis avançados ainda não tem o financiamento necessário, e eles não estão prontos para serem empregados na escala de que precisamos para descarbonizar nossos sistemas de transporte. Como resultado, usá-los para substituir a gasolina seria muito dispendioso. Os especialistas não chegaram a um consenso sobre o custo exato desses e de outros combustíveis limpos, e há todo um leque de estimativas por aí, então vou usar a média de custo de vários estudos diferentes.

PRÊMIO VERDE PARA SUBSTITUIR A GASOLINA POR BIOCOMBUSTÍVEIS AVANÇADOS[8]

Tipo de combustível	Preço do galão na bomba	Opção de carbono zero por galão	Prêmio Verde
Gasolina	US$ 2,43	US$ 5,00 (biocombustíveis avançados)	106%

NOTA: Os preços na bomba nesta tabela e nas próximas são a média nos Estados Unidos de 2015 a 2018. Opções de carbono zero refletem preços estimados atuais.

Os biocombustíveis extraem energia das plantas, mas essa não é a única maneira de criar combustíveis alternativos. Também podemos usar eletricidade de carbono zero para combinar o hidrogênio na água com o carbono no dióxido de carbono, resultando em combustíveis de hidrocarbonetos. Como é preciso usar eletricidade no processo, esses combustíveis são às vezes chamados de eletrocombustíveis, e têm muitos pontos positivos. São combustíveis drop-in e, por serem fabricados com dióxido de carbono capturado da atmosfera, sua queima não contribui para as emissões gerais.

Mas os eletrocombustíveis também têm uma desvantagem: são muito caros. Precisamos de hidrogênio para produzi-los, e, como mencionei no capítulo 4, produzir hidrogênio sem emitir carbono custa muito dinheiro. Além do mais, precisamos fabricá-los usando eletricidade limpa — caso contrário, não faz sentido —, algo de que nossa rede elétrica não dispõe em quantidade suficiente para ser usada de forma economicamente viável na produção de combustível. Tudo isso resulta num Prêmio Verde elevado para os eletrocombustíveis:

PRÊMIOS VERDES PARA SUBSTITUIR A GASOLINA POR ALTERNATIVAS DE CARBONO ZERO[9]

Tipo de combustível	Preço do galão na bomba	Opção de carbono zero por galão	Prêmio Verde
Gasolina	US$ 2,43	US$ 5,00 (biocombustíveis avançados)	106%
Gasolina	US$ 2,43	US$ 8,20 (eletrocombustíveis)	237%

O que isso significa para o cidadão médio? Nos Estados Unidos, uma família típica gasta cerca de 2 mil dólares por ano com gasolina.[10] Assim, se o preço dobra, representa o pagamento de um prêmio de 2 mil dólares e, se triplica, um custo extra de 4 mil dólares para cada carro nas ruas do país.

Caminhões de lixo, ônibus e carretas. Infelizmente, baterias não são uma opção muito viável para ônibus e caminhões que percorrem longas distâncias. Quanto maior o veículo que queremos mover, e quanto maior a distância que esperamos que percorra sem recarga, mais difícil será usar eletricidade para fazer seu motor funcionar. Isso porque as baterias pesam muito, armazenam quantidade limitada de energia e só conseguem fornecer ao motor uma determinada parcela de energia por vez. (O peso de um caminhão exige um motor mais potente — ou seja, com mais baterias — do que um simples carro de passeio.)

Veículos de carga médios, como caminhões de lixo e ônibus urbanos, são geralmente leves o bastante para a eletricidade ser uma opção viável. Também têm a vantagem de circular por rotas relativamente curtas e ficar estacionados no mesmo local todas as noites, facilitando a instalação das estações de recarga. A cidade de Shenzhen, na China — lar de 12 milhões de pessoas — eletrificou toda sua frota de mais de 16 mil ônibus e quase dois terços de seus táxis.[11] Com a quantidade de ônibus elétricos vendidos na China, creio que o Prêmio Verde para o ônibus chegará a zero em uma década, possibilitando que a maioria das cidades no mundo seja capaz de eletrificar suas frotas.

Mas se quisermos mais distância e potência — por exemplo, uma jamanta carregada atravessando o país, não um ônibus escolar levando alunos pelo bairro —, será preciso usar muito mais baterias. E, à medida que acrescentamos baterias, também adicionamos peso. E *muito* peso.

Em termos proporcionais, a melhor bateria de íon de lítio

Shenzhen, na China, eletrificou sua frota de 16 mil ônibus.

disponível hoje produz 35 vezes menos energia do que a gasolina. Em outras palavras, para obter a mesma quantidade de energia de um galão de gasolina, você precisará de baterias que pesam 35 vezes mais do que a gasolina.

Em termos práticos, o significado disso é o seguinte. Segundo estudo de 2017 feito por dois engenheiros mecânicos na Universidade Carnegie Mellon, um caminhão elétrico capaz de rodar cerca de mil quilômetros com uma única carga precisaria de tantas baterias que teria de transportar 25% menos peso. E um caminhão com autonomia de quase 1500 quilômetros está fora de questão: ele precisaria de tantas baterias que mal conseguiria transportar alguma mercadoria.[12]

Tenha em mente que um caminhão normal funcionando a diesel pode rodar mais de 1500 quilômetros sem ser reabastecido. Portanto, para eletrificar a frota de caminhões dos Estados Unidos, as transportadoras teriam de adquirir veículos que levem menos volume de mercadorias, façam recargas com bem mais frequência, fiquem horas parados recarregando e, de algum modo, consigam percorrer longos trechos de estrada sem estações de recarga. Isso simplesmente não vai acontecer tão cedo. Embora a eletricidade seja uma boa opção quando precisamos cobrir distâncias curtas, não é uma solução prática para caminhões pesados e com rotas mais extensas.

Como não podemos eletrificar nossos caminhões, as únicas soluções disponíveis hoje são os eletrocombustíveis e os biocombustíveis avançados. Infelizmente, seus Prêmios Verdes também são substanciais. Vamos adicioná-los à tabela:

PRÊMIOS VERDES PARA SUBSTITUIR O DIESEL POR ALTERNATIVAS DE CARBONO ZERO[13]

Tipo de combustível	Preço do galão na bomba	Opção de carbono zero por galão	Prêmio Verde
Diesel	US$ 2,71	US$ 5,50 (biocombustíveis avançados)	103%
Diesel	US$ 2,71	US$ 9,05 (eletrocombustíveis)	234%

Navios e aviões. Não muito tempo atrás, meu amigo Warren Buffett e eu conversávamos sobre como o mundo poderia descarbonizar a aviação. Warren perguntou: "Por que não conseguimos fazer um jumbo voar com baterias?". Ele já sabia que na decolagem o combustível que o avião carrega representa de 20% a 40% do peso total. Assim, quando lhe contei esse fato surpreendente — que precisaríamos de 35 vezes mais baterias por peso para obter a mesma energia de um combustível de aviação —, ele entendeu na mesma hora o que isso significava. Quanto maior a potência necessária, mais pesado fica o avião. Em alguns casos, o peso seria tão grande que impediria a aeronave de deixar o chão. Warren sorriu, balançou a cabeça e disse apenas: "Ah".

Se quisermos impulsionar algo pesado como um cargueiro ou avião comercial, a regra aproximada que mencionei antes — *quanto maior o veículo a ser movimentado, e quanto mais longe queremos que chegue sem recarga, mais difícil será usar eletricidade como fonte de energia* — vira lei. A não ser que ocorra algum improvável avanço revolucionário, as baterias nunca serão leves e potentes o bastante para mover aviões e navios, a não ser por curtas distâncias.

Consideremos o estágio atual dessa tecnologia. O melhor avião 100% elétrico do mercado consegue transportar dois passageiros, não ultrapassa 340 quilômetros horários e voa por três horas antes de uma recarga.* Um Boeing 787 de capacidade média, enquanto isso, consegue transportar 296 passageiros, viaja a mais de mil quilômetros por hora e pode voar por vinte horas até precisar reabastecer.[14] Em outras palavras, um avião comercial à base de combustíveis fósseis é três vezes mais rápido, tem autonomia seis vezes maior e transporta quase 150 vezes mais pessoas do que o melhor avião elétrico do mercado.

As baterias estão se aperfeiçoando, mas é difícil imaginar que conseguirão um dia tirar essa diferença. Com um pouco de sorte, talvez cheguem a ser três vezes mais densas energeticamente do que hoje, e mesmo nesse caso ainda seriam doze vezes

* A velocidade dos veículos no ar em geral é medida em nós, mas a maioria de nós (incluindo eu) não sabe a que equivale um nó. Em todo caso, os nós são uma medida bastante aproximada de milhas por hora.

menos densas energeticamente do que a gasolina ou o combustível de aviação. Nossa melhor aposta é substituir o combustível de aviação por eletrocombustíveis e biocombustíveis avançados, mas vejamos os onerosos prêmios que vêm com eles:

PRÊMIOS VERDES PARA SUBSTITUIR O COMBUSTÍVEL DE AVIAÇÃO POR ALTERNATIVAS DE CARBONO ZERO[15]

Tipo de combustível	Preço do galão no varejo	Opção de carbono zero por galão	Prêmio Verde
Combustível de aviação	US$ 2,22	US$ 5,35 (biocombustíveis avançados)	141%
Combustível de aviação	US$ 2,22	US$ 8,80 (eletrocombustíveis)	296%

O mesmo vale para os cargueiros. Os melhores navios convencionais transportam duzentas vezes mais carga e percorrem rotas quatrocentas vezes mais longas do que os dois navios elétricos em operação hoje.[16] São vantagens maiúsculas para embarcações que precisam atravessar oceanos inteiros.

Considerando como os navios cargueiros se tornaram importantes para a economia global, creio que nunca será financeiramente viável tentar fazê-los funcionar com alguma outra coisa além de combustível líquido. A troca por um combustível alternativo faria muito bem; como a navegação mercante sozinha é responsável por 3% das emissões totais, o uso de combustíveis limpos proporcionaria uma redução significativa. Infelizmente, o combustível usado pelos cargueiros é baratíssimo, pois é feito com resíduos do processo de refinamento do petróleo. Por esse motivo, o Prêmio Verde para navios é muito alto:

PRÊMIOS VERDES PARA SUBSTITUIR COMBUSTÍVEL DE CARGUEIRO POR ALTERNATIVAS DE CARBONO ZERO[17]

Tipo de combustível	Preço do galão no varejo	Opção de carbono zero por galão	Prêmio Verde
Combustível de cargueiro	US$ 1,29	US$ 5,50 (biocombustíveis avançados)	326%
Combustível de cargueiro	US$ 1,29	US$ 9,05 (eletrocombustíveis)	601%

Para resumir, aqui estão todos os Prêmios Verdes deste capítulo:

PRÊMIOS VERDES PARA SUBSTITUIR OS ATUAIS COMBUSTÍVEIS POR ALTERNATIVAS DE CARBONO ZERO[18]

Tipo de combustível	Preço do galão no varejo	Opção de carbono zero por galão	Prêmio Verde
Gasolina	US$ 2,43	US$ 5,00 (biocombustíveis avançados)	106%
Gasolina	US$ 2,43	US$ 8,20 (eletrocombustíveis)	237%
Diesel	US$ 2,71	US$ 5,50 (biocombustíveis avançados)	103%
Diesel	US$ 2,71	US$ 9,05 (eletrocombustíveis)	234%

Tipo de combustível	Preço do galão no varejo	Opção de carbono zero por galão	Prêmio Verde
Combustível de aviação	US$ 2,22	US$ 5,35 (biocombustíveis avançados)	141%
Combustível de aviação	US$ 2,22	US$ 8,80 (eletrocombustíveis)	296%
Combustível de cargueiro	US$ 1,29	US$ 5,50 (biocombustíveis avançados)	326%
Combustível de cargueiro	US$ 1,29	US$ 9,05 (eletrocombustíveis)	601%

Será que a maioria das pessoas estaria disposta a arcar com esses aumentos? Não dá para ter certeza. Mas considere que a última vez que os Estados Unidos aumentaram o imposto federal sobre a gasolina — a única vez que o país mexeu nessa tributação — foi há mais de 25 anos, em 1993. Acho que os americanos não aceitariam tão bem a ideia de gastar mais com gasolina.

Há quatro maneiras de diminuir as emissões dos transportes. Uma é puramente quantitativa — usar menos o carro, voar menos, transportar menos mercadorias. Deveríamos encorajar mais alternativas, como caminhar, andar de bicicleta e a carona solidária, e é ótimo que algumas cidades estejam usando planos urbanos inteligentes para fazer exatamente isso.

Outra maneira de cortar emissões seria usar menos materiais à base de carbono na fabricação dos carros — embora isso não afete as emissões geradas por queima de combustível de que estamos tratando neste capítulo. Como mencionei no capítulo 5, todo automóvel é feito de materiais como aço e plástico, que ao ser produzidos causam emissão de gases de efeito estufa. Quanto menos desses materiais precisarmos em nossos carros, menor será sua pegada de carbono.

A terceira maneira de diminuir as emissões é usar combustíveis com mais eficiência. Essa é uma questão acompanhada de perto pelos legisladores e pela imprensa, ao menos no que se refere a carros de passeio e caminhões; a maioria das grandes economias possui padrões de eficiência de combustível para esse tipo de veículo, e eles têm exercido um papel muito importante em obrigar a indústria automotiva a financiar engenharia avançada para motores mais eficientes.

Mas essas medidas ainda são insuficientes. Por exemplo, há padrões de emissões sugeridos para a navegação mercante e a aviação internacionais, mas são praticamente impossíveis de fiscalizar. Que jurisdição nacional cobriria as emissões de carbono de um navio mercante no meio do oceano Atlântico?

Além do mais, embora produzir e usar veículos mais eficientes sejam passos importantes na direção certa, não nos conduzirão a zero. Mesmo que queimemos menos gasolina, continuamos queimando gasolina.

Isso me traz à quarta — e mais eficiente — maneira de conseguirmos nos aproximar de emissões zero nos transportes: a transição para veículos elétricos e combustíveis alternativos. Como argumentei neste capítulo, essas duas opções hoje incluem o pagamento de um Prêmio Verde. Vejamos as maneiras de reduzi-lo.

Para carros de passeio, o Prêmio Verde está diminuindo e em algum momento chegará a zero. É verdade que, conforme automóveis mais econômicos e carros elétricos forem tomando o lugar dos veículos atuais, a receita de impostos sobre o combustível cairá, o que reduziria a verba disponível para construir e manter estradas. Os governos estaduais podem substituir a receita perdida cobrando uma taxa extra dos donos de veículos elétricos quando renovam seus licenciamentos — no momento em que escrevo, dezenove estados fazem isso —, embora signifique que levará um ou dois anos mais para os veículos elétricos ficarem tão baratos quanto os movidos a gasolina.

Os veículos elétricos enfrentam ainda mais um obstáculo: a adoração dos americanos pelas nem um pouco econômicas picapes. Em 2019, compramos mais de 5 milhões de carros e 12 milhões de picapes e SUVs.[19] Todos, exceto 2%, movidos a gasolina.

Para virar esse jogo, precisamos de políticas de governo criativas. Podemos acelerar a transição adotando políticas públicas que incentivem as pessoas a comprar veículos elétricos, além de criar uma rede de estações de recarga, aumentando a praticidade de usar um. Compromissos de abrangência nacional podem ajudar a aumentar a oferta e baixar seu custo; China, Índia e diversos países na Europa já anunciaram metas para aposentar veículos movidos a combustíveis fósseis — na maioria, carros de passeio — ao longo das próximas décadas. A Califórnia se comprometeu a adquirir apenas ônibus elétricos até 2029 e a banir a venda de carros movidos a gasolina até 2035.

Para fazer funcionar todos esses veículos que queremos ver nas ruas, precisaremos de muita eletricidade limpa — mais um motivo para ser tão importante empregar fontes renováveis e buscar as inovações na geração e no armazenamento que mencionei no capítulo 4.

Também deveríamos explorar a possibilidade de cargueiros movidos a energia nuclear. Os riscos são consideráveis (por exemplo, temos de assegurar que o combustível nuclear não vaze se o navio afundar), mas muitos dos desafios técnicos já foram resolvidos. Afinal, submarinos militares e porta-aviões já funcionam dessa forma.

Por fim, precisamos de um esforço massivo para explorar todas as maneiras pelas quais podemos produzir biocombustíveis avançados e eletrocombustíveis baratos. As empresas e os pesquisadores estão explorando várias alternativas — por exemplo, novas maneiras de obter hidrogênio usando eletricidade ou energia solar, ou com micróbios que geram hidrogênio naturalmente como subproduto. Quanto mais investirmos em inovação, mais oportunidades para grandes avanços serão criadas.

É raro poder resumir a solução para um assunto tão complexo numa única frase. Mas, no caso dos transportes, um futuro de carbono zero é basicamente o seguinte: usar eletricidade para operar todos os veículos que pudermos e obter combustíveis alternativos baratos para o resto.

No primeiro grupo estão carros de passeio, picapes, caminhões leves e ônibus. No segundo, carretas, trens, aviões e cargueiros. Quanto ao preço, os automóveis elétricos em breve custarão o mesmo que os movidos a gasolina, o que é ótimo; mas combustíveis alternativos ainda são muito caros, o que é péssimo. Precisamos de inovação para baixar esses preços.

Este capítulo abordou como movemos pessoas e produtos de um lugar para outro. A seguir, falaremos dos lugares onde vivemos — nossas casas, escritórios, escolas — e o que é necessário para mantê-los habitáveis em um mundo mais quente.

8. Como esfriamos e aquecemos as coisas

7% de 51 bilhões de toneladas por ano

Nunca imaginei que pudesse encontrar algo de bom na malária. A doença mata 400 mil pessoas por ano, na maioria crianças, e a Fundação Gates integra um esforço mundial para erradicá-la. Portanto, fiquei surpreso quando descobri um tempo atrás que de fato existe uma coisa boa que podemos afirmar sobre a malária: ela ajudou a nos dar o ar-condicionado.

Os humanos tentam driblar o calor há milênios. Construções na antiga Pérsia eram equipadas com torres de vento, ou *badgirs*, que ajudavam a manter o ar circulando e o ambiente fresco.[1] Mas a primeira máquina conhecida a produzir ar frio foi criada na década de 1840 por John Gorrie, médico da Flórida que acreditava que temperaturas mais frias ajudariam seus pacientes a se recuperar da malária.[2]

Na época, muitos achavam que a malária era causada não por um parasita, como hoje sabemos, mas pelo ar nocivo (daí o nome, "*mal-aria*"). Gorrie criou um dispositivo que resfriava o ar em sua enfermaria passando-o por um grande bloco de gelo suspenso no teto. Mas o maquinário gastava muito depressa o gelo, que era caro porque tinha de ser trazido do norte, então Gorrie projetou outra máquina para fabricá-lo. Após patentear a máquina de fazer gelo, largou a medicina e tentou comercializar sua invenção. Infelizmente, seu plano de negócio não saiu como o esperado. Após uma série de infortúnios, Gorrie morreu na pobreza, em 1855.

Mesmo assim, a ideia foi em frente. A grande inovação seguinte nesse campo foi obtida em 1902 por um engenheiro chamado Willis Carrier, quando seu patrão o mandou à gráfica para descobrir como impedir as páginas das revistas de enrugar ao saírem da prensa. Percebendo que a deformação do papel era causada pela umidade elevada, Carrier projetou uma máquina que diminuía não só a umidade, mas também a temperatura ambiente. Ele ainda não sabia, mas dera início à indústria do ar-condicionado.

Pouco mais de um século depois que a primeira unidade foi instalada em uma residência privada, 90% das casas americanas hoje têm algum tipo de sistema de refrigeração.[3] Se você já foi a algum show ou evento esportivo numa arena fechada, é graças ao ar-condicionado. E dificilmente alguém pensaria que, sem esses equipamentos, lugares como Flórida e Arizona um dia seriam destinos atraentes para aposentados.

O ar-condicionado não é apenas mais um luxo supérfluo que torna os verões suportáveis; a economia moderna depende dele. Para citar só um exemplo: as fazendas de servidores, com milhares de computadores que possibilitam os atuais avanços na informática (incluindo os que operam os serviços de nuvem onde armazenamos músicas e fotos), geram uma imensa quantidade de calor. Sem resfriamento, os servidores derreteriam.

Se você mora em uma casa americana padrão, seus aparelhos de ar-condicionado são o maior consumidor de eletricidade

— mais do que a iluminação, a geladeira e o computador juntos.* Contabilizei as emissões da eletricidade no capítulo 4, mas volto a mencioná-las aqui porque o resfriamento de ambientes é e continuará a ser um fator-chave no futuro. Além disso, embora as unidades de ar-condicionado representem o maior consumo de *eletricidade*, não são as maiores consumidoras de *energia* nos lares e estabelecimentos americanos. Essa honra vai para nossos sistemas de calefação e aquecedores de água. (Isso vale também na Europa e em muitas outras regiões.) Falarei sobre aquecimento de ar e água na próxima seção.

Os americanos não estão sozinhos em seu apego — e necessidade — por ar fresco. No mundo todo, há 1,6 bilhão de aparelhos de ar-condicionado em uso, mas não são distribuídos de forma equilibrada. Em países ricos como os Estados Unidos, 90% ou mais das casas têm sistema de refrigeração, enquanto nos países mais quentes do mundo, esse número é de menos de 10%.[4]

Isso significa que instalaremos ainda mais aparelhos conforme a população cresce e enriquece e as ondas de calor se tornam mais severas e frequentes. A China consumiu 350 milhões de unidades entre 2007 e 2017, e é hoje o maior mercado mundial da indústria do ar-condicionado. No mundo todo, as vendas subiram 15% só em 2018, com a maior parte do crescimento vindo de países onde as temperaturas são particularmente elevadas: Brasil, Índia, Indonésia e México. Em 2050,

* A eletricidade é usada para fornecer 99% da energia gasta para resfriar ambientes no mundo. A maior parte do 1% restante corresponde a dispositivos de resfriamento a gás natural. Esses sistemas são encontrados em algumas residências, mas trata-se de uma porcentagem tão pequena do mercado que a Energy Information Administration nem colhe dados a respeito.

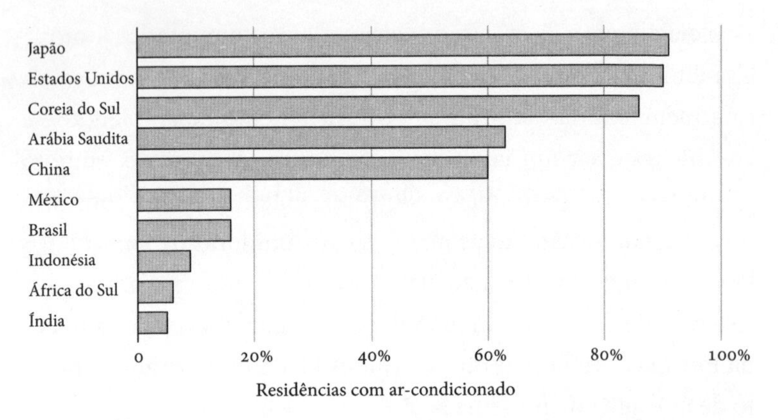

O ar-condicionado está a caminho. Em alguns países, a maioria das casas tem ar-condicionado, mas em outras o aparelho é bem menos comum. Nas próximas décadas, os países na parte de baixo deste gráfico ficarão mais quentes e mais ricos, ou seja, comprarão e utilizarão mais unidades de ar-condicionado. (Agência Internacional de Energia)[5]

haverá mais de 5 bilhões de aparelhos de ar-condicionado funcionando no planeta.[6]

Ironicamente, o que fazemos para sobreviver em um mundo mais quente — ligar o ar-condicionado — agrava o aquecimento global. Afinal, os aparelhos são elétricos, e à medida que instalarmos mais sistemas de refrigeração, mais eletricidade será necessária para fazê-los funcionar. A IEA prevê que a demanda energética mundial para resfriamento triplicará até 2050. Quando chegarmos a esse ponto, os aparelhos de ar-condicionado demandarão uma quantidade de eletricidade equivalente ao consumo total de China e Índia hoje.

Será bom para quem sofre com as ondas de calor, mas ruim para o clima, pois na maior parte do mundo a geração de energia continua sendo um processo dependente demais de carbono. É por isso que a eletricidade total usada em prédios — para ar-condicionado, bem como iluminação, computadores etc. — é responsável por quase 14% de todos os gases de efeito estufa.

O fato de o ar-condicionado depender tanto da eletricidade facilita o cálculo do Prêmio Verde do resfriamento do ar. Para descarbonizar nossos aparelhos, temos de descarbonizar a rede elétrica. É mais um motivo para precisarmos de grandes avanços na geração e armazenamento de eletricidade, como os descritos no capítulo 4; de outro modo, as emissões continuarão a aumentar, e ficaremos presos em um círculo vicioso, deixando nossas casas e escritórios cada vez mais frescos, enquanto tornamos o clima cada vez mais quente.

Felizmente, não precisamos esperar por essas inovações. Podemos agir agora mesmo para reduzir a quantidade de eletricidade necessária para o ar-condicionado e assim diminuir as emissões causadas pela refrigeração do ar. E não existe limitação técnica para fazer isso. O problema é que a maioria dos consumidores não compra os aparelhos mais ecologicamente corretos do mercado. Segundo a IEA, a unidade de ar-condicionado com a configuração mais vendida hoje tem apenas metade da eficiência de outras que também estão amplamente disponíveis e apenas um terço da eficiência dos modelos de ponta.

O motivo principal é que o consumidor não recebe toda informação necessária quando escolhe um aparelho. Por exemplo, uma unidade menos eficiente pode ser mais barata na compra, porém mais cara a longo prazo, porque gasta mais eletricidade. No entanto, se as unidades não tiverem uma etiqueta com especificações claras, a pessoa pode não saber disso quando faz sua escolha. (Essas etiquetas são obrigatórias nos Estados Unidos, mas não no mundo todo.)[7] Além disso, muitos países não estabelecem padrões mínimos de eficiência para esses aparelhos. A IEA descobriu que simplesmente criando normas para resolver problemas como esses o mundo poderia dobrar a eficiência média das unidades de ar-condicionado e reduzir o crescimento da demanda energética da refrigeração de ar até meados do século em 45%.

Infelizmente, o consumo de eletricidade não é a única desvantagem do ar-condicionado. O aparelho também contém fluidos refrigerantes — conhecidos como gases fluorados —, que vazam conforme o sistema envelhece e quebra, como você sem dúvida já notou se precisou trocar o fluido do ar-condicionado do seu carro. Os gases fluorados contribuem pesadamente para as mudanças climáticas: em um século, causam milhares de vezes mais aquecimento que uma quantidade equivalente de dióxido de carbono. Se você não ouve falar muito a respeito, é porque não representam uma porcentagem tão grande dos gases de efeito estufa; nos Estados Unidos, são cerca de 3% das emissões.

Contudo, os gases fluorados não passaram despercebidos. Em 2016, representantes de 197 países se comprometeram a reduzir a produção e o uso de certos gases fluorados em mais de 80% até 2045 — uma promessa considerada viável porque há várias empresas desenvolvendo novas soluções para o ar-condicionado que substituem os gases fluorados por substâncias menos prejudiciais. Essas ideias estão nos estágios iniciais de desenvolvimento, e ainda é muito cedo para pôr uma etiqueta de preço nelas, mas são bons exemplos do tipo de inovação de que precisaremos para manter o ar fresco sem tornar o mundo mais quente.

Em um livro sobre aquecimento global, pode parecer estranho falar em se manter aquecido. Por que subir o termostato quando se vai estar mais quente lá fora? Para começo de conversa, quando falamos sobre sistemas de aquecimento, não nos referimos ao ar; também precisamos de água quente para tudo, de chuveiros e lava-louças a processos industriais. E, sendo mais específico, o inverno não vai sumir. Mesmo com as temperaturas globais subindo de forma geral, continuará a fazer frio e a nevar em muitos lugares. E os invernos são particularmente duros para quem depende de energia renovável. Na Alemanha, por exemplo, durante o inverno, a quantidade de energia solar disponível pode cair até nove vezes, e ainda há os períodos em que não há vento. Só que precisamos de eletricidade; sem ela, as pessoas morrerão congeladas mesmo dentro de casa.

Juntos, os sistemas de calefação e os aquecedores de água representam um terço de todas as emissões mundiais vindas de construções. E, ao contrário da iluminação e dos aparelhos de ar-condicionado, a maioria não funciona a eletricidade, e sim queimando combustíveis fósseis. (O uso de gás natural, óleo para aquecedor ou propano depende principalmente de onde você vive.) Isso quer dizer que não podemos descarbonizar a água e o ar quentes apenas limpando nossa rede elétrica. Precisamos obter calor de outra coisa que não sejam combustíveis fósseis.

A estratégia de carbono zero para o aquecimento na verdade parece muito com a dos carros de passageiros: (1) eletrificar o que pudermos, aposentando os aquecedores de água e sistemas de calefação a gás, e (2) desenvolver combustíveis limpos para o resto.

A boa notícia é que o passo 1 pode ter na prática um Prêmio Verde negativo. Ao contrário dos carros, que são mais caros do que os movidos a gasolina, os sistemas de aquecimento e resfriamento 100% elétricos economizam dinheiro. E isso vale tanto para erguer uma nova construção do zero como para modernizar uma residência antiga. Na maioria dos lugares, seus gastos de trocar o ar-condicionado elétrico e o aquecedor a gás (ou óleo) e substituí-los por uma bomba de calor movida a eletricidade serão menores.

A ideia de uma bomba de calor pode parecer esquisita quando a ouvimos pela primeira vez. Embora seja fácil imaginar o bombeamento de água ou ar, como é possível bombear calor?

As bombas de calor tiram proveito do fato de que gases e líquidos mudam de temperatura conforme se expandem ou contraem. Seu mecanismo funciona com um fluido refrigerante que passa por um circuito de tubulações fechado, usando um compressor e válvulas especiais para mudar a pressão ao longo do caminho, de modo que o fluido absorve calor de um lugar e o dissipa em outro. No inverno, o calor é bombeado de fora para dentro de casa (a tecnologia só não funciona em regiões muito frias); no verão, o processo é invertido, bombeando calor de dentro da casa para fora.

Não é tão complexo quanto parece. Você já possui uma bomba de calor em sua casa operando neste exato instante. Chama-se geladeira. O ar quente que sai pela parte de trás do aparelho está dissipando o calor de sua comida e mantendo-a refrigerada.

Quanta economia uma bomba de calor representa? Varia de lugar para lugar, a depender do rigor do inverno, do custo da eletricidade e do gás natural e assim por diante. Aqui temos exemplos de quanto se economiza com uma nova construção em algumas cidades americanas, incluindo o custo de instalar uma bomba de calor e usá-la por quinze anos:

PRÊMIO VERDE POR INSTALAR UMA BOMBA DE CALOR AEROTÉRMICA EM CIDADES AMERICANAS SELECIONADAS[8]

Cidade	Custo de aquecedor a gás natural e ar-condicionado elétrico	Custo de bomba de calor aerotérmica	Prêmio Verde
Providence (Rhode Island)	US$ 12667	US$ 9912	−22%
Chicago (Illinois)	US$ 12583	US$ 10527	−16%
Houston (Texas)	US$ 11075	US$ 8074	−27%
Oakland (Califórnia)	US$ 10660	US$ 8240	−23%

* * *

A economia não é tão grande caso você modernize uma residência antiga, mas mudar para uma bomba de calor ainda sai mais barato na maioria das cidades. Em Houston, por exemplo, representa uma economia de 17%. Em Chicago, as despesas na verdade subirão 6%, porque o gás natural é baratíssimo. E em algumas residências mais antigas, simplesmente não é viável encontrar espaço para novo equipamento, o que pode impossibilitar a instalação de um novo sistema.

Mesmo assim, esses Prêmios Verdes negativos tocam numa questão óbvia: se as bombas de calor são tudo isso, por que as encontramos em apenas 11% dos lares americanos?[9]

Em parte, porque só trocamos nossos sistemas de aquecimento mais ou menos a cada década, e a maioria das pessoas não tem dinheiro sobrando para simplesmente substituir um dispositivo de aquecimento central perfeitamente em ordem por uma bomba de calor.

Mas existe ainda outra explicação: políticas públicas obsoletas. Desde a crise energética dos anos 1970, tentamos reduzir nosso uso de energia, e, por esse motivo, os governos estaduais criaram vários incentivos para favorecer aquecedores de ar e água a gás natural, mais eficientes que os elétricos. Alguns modificaram as normas de construção para tornar mais difícil para os proprietários dos imóveis substituir seus aparelhos a gás por alternativas elétricas. Muitas dessas políticas que dão prioridade à eficiência em vez do combate às mudanças climáticas continuam sendo utilizadas, restringindo nossa capacidade de reduzir as emissões com a troca da calefação a gás pela bomba de calor elétrica — mesmo que represente uma economia financeira.

Isso é frustrante e só reforça a crença disseminada de que "os regulamentos governamentais às vezes são realmente estúpidos".

Mas, se olharmos por um ângulo diferente, é uma boa notícia. Significa que não necessitamos de uma inovação tecnológica adicional para reduzir as emissões nessa área, além de descarbonizar nossa rede de energia. A opção elétrica já existe, está amplamente disponível e não só tem um preço competitivo, como é inclusive mais barata. Só precisamos fazer com que nossas políticas públicas acompanhem as mudanças.

Infelizmente, embora em teoria seja *possível* zerar as emissões do aquecimento passando à energia elétrica, isso não vai acontecer tão cedo. Mesmo que corrigíssemos as regulamentações que mencionei, não é factível pensar que vamos simplesmente aposentar todos os atuais sistemas de calefação e aquecedores de água e substituí-los pelo aquecimento elétrico do dia para a noite, assim como não eletrificaremos a frota mundial de carros de passeio de uma hora para outra. Considerando quanto tempo duram os atuais aparelhos, se fixássemos a meta de nos livrar dos aquecedores a gás até meados do século, teríamos de interromper sua comercialização em 2035. Hoje, cerca de metade dos sistemas de aquecimento vendidos nos Estados Unidos funciona a gás; no mundo todo, os combustíveis fósseis fornecem seis vezes mais energia para aquecimento do que a eletricidade.

A meu ver, esse é mais um argumento para reafirmar por que precisamos de biocombustíveis e eletrocombustíveis avançados como os que citei no capítulo 7 — alternativas capazes de fazer funcionar os aquecedores de ar e de água que temos hoje sem modificações, e que não lancem mais carbono na atmosfera. Mas, no momento, ambas as opções implicam um pesado Prêmio Verde:

PRÊMIOS VERDES PARA SUBSTITUIR OS ATUAIS COMBUSTÍVEIS DE AQUECIMENTO POR ALTERNATIVAS DE CARBONO ZERO

Tipo de combustível	Atual preço de varejo	Opção de carbono zero	Prêmio Verde
Óleo de aquecedor (por galão)	US$ 2,71	US$ 5,50 (biocombustíveis avançados)	103%
Óleo de aquecedor (por galão)	US$ 2,71	US$ 9,05 (eletrocombustíveis)	234%
Gás natural (por thm)	US$ 1,01	US$ 2,45 (biocombustíveis avançados)	142%
Gás natural (por thm)	US$ 1,01	US$ 5,30 (eletrocombustíveis)	425%

NOTA: O preço no varejo por galão é a média nos Estados Unidos de 2015 a 2018. Carbono zero é o preço estimado atual.[10]

Vejamos o que esses prêmios significariam para uma família americana típica. Se a casa for aquecida com uma caldeira a óleo combustível, serão gastos 1300 dólares a mais para trocar para biocombustíveis avançados e mais de 3200 dólares extras caso se opte por eletrocombustíveis. Se a casa é aquecida a gás natural, a mudança para biocombustíveis avançados encareceria a conta em 840 dólares todo inverno. A troca por eletrocombustíveis representaria um aumento de quase 2600 dólares por inverno.[11]

Claramente precisamos baixar o preço desses combustíveis alternativos, como argumentei no capítulo 7. E há outros passos que podemos dar para descarbonizar nossos sistemas de aquecimento:

Eletrificar o máximo que pudermos, substituindo sistemas de calefação e aquecedores de água por bombas de calor a eletricidade. Em algumas regiões, os governos terão de atualizar suas políticas públicas para permitir — e incentivar — essas modernizações.

Descarbonizar a rede energética empregando as fontes limpas atuais onde for viável e investindo em inovações para gerar, armazenar e transmitir energia.

Usar energia com mais eficiência. Pode parecer contraditório, porque poucos parágrafos atrás me queixei das políticas que colocam o aumento da eficiência acima da diminuição das emissões. A verdade é que precisamos das duas coisas.

O mundo passa por um imenso boom da construção civil. Para acomodar uma população urbana crescente, acrescentaremos 232 bilhões de metros quadrados de área construída ao planeta até 2060 — o equivalente, como mencionei no capítulo 2, a erguer uma Nova York por mês durante quarenta anos. É razoável supor que muitos desses prédios não terão sido projetados para conservar energia e que continuarão a existir, usando energia de forma ineficiente, por várias décadas.

A boa notícia é que hoje sabemos como erguer construções sustentáveis — contanto que estejamos dispostos a pagar um Prêmio Verde. Um exemplo extremo é o Bullitt Center, em Seattle, considerado um dos edifícios comerciais mais verdes do mundo. O prédio foi projetado para permanecer naturalmente quente no inverno e fresco no verão, reduzindo a necessidade de aquecimento e ar-condicionado, e conta com outras tecnologias de economia de energia, como um elevador supereficiente. Em certas épocas, pode gerar 60% mais energia do que consome, graças a painéis solares no telhado, embora continue conectado à rede elétrica municipal e use essa energia à noite ou sob céu nublado por períodos prolongados, coisa que temos de sobra em Seattle.[12]

Embora muitas das tecnologias do Bullitt Center hoje sejam caras demais para adoção em larga escala (por isso ele continua sendo um dos edifícios mais verdes do mundo, sete anos após inaugurado), ainda podemos fabricar casas e escritórios com mais eficiência a baixo custo. As construções podem ser projetadas para minimizar a entrada ou saída de ar, contar com bom isolamento, janelas de vidro triplo e portas eficientes. Também sou fascinado por janelas que utilizam o chamado vidro inteligente, que escurece automaticamente quando o ambiente precisa ficar mais fresco e clareia quando precisa ficar mais quente. Novas normas de construção podem ajudar a promover essas ideias para economizar energia, que expandirão seu mercado e baixarão seus custos. Podemos produzir um monte de prédios com mais eficiência energética, mesmo que não sejam tão eficientes quanto o Bullitt Center.

O Bullitt Center, em Seattle, é um dos edifícios comerciais mais verdes do mundo.

Vimos agora todas as cinco principais fontes de emissões de gases de efeito estufa: as coisas que ligamos na tomada, fabricamos, cultivamos, nossos sistemas de transportes e de aquecimento e resfriamento. Espero que a esta altura os três fatos a seguir estejam claros:

1. O problema é extremamente complexo e diz respeito a quase todas as atividades humanas.
2. Temos à mão algumas ferramentas que deveríamos empregar de imediato para reduzir as emissões.
3. Mas não dispomos de todas as ferramentas necessárias. Precisamos reduzir os Prêmios Verdes em todos os setores, ou seja, temos muitas invenções a criar.

Nos capítulos 10 a 12, vou sugerir os passos específicos que, a meu ver, nos darão a melhor chance de desenvolver e empregar as ferramentas necessárias. Antes, porém, quero tocar numa questão que tira meu o sono à noite. Até agora, este livro tratou exclusivamente de como diminuir as emissões e impedir a temperatura de se tornar insuportável. Mas o que podemos fazer sobre as mudanças climáticas que já estão em curso? E, em termos mais específicos, como podemos ajudar os pobres do mundo, que são os que têm mais a perder e que menos contribuíram para provocar o problema?

9. A adaptação a um mundo mais quente

Como tenho afirmado repetidas vezes, devemos zerar nossas emissões e precisamos de várias inovações para isso. Mas elas não acontecem do dia para a noite, e levará décadas até que os produtos verdes mencionados aqui ganhem escala suficiente para fazer uma diferença significativa.

Enquanto isso, pessoas no mundo inteiro, em todas as faixas de renda, já são afetadas de algum modo pelas mudanças climáticas. Praticamente todos terão de se adaptar a um planeta mais quente. À medida que o nível do mar sobe e cresce o número de regiões suscetíveis a inundação, precisamos repensar onde construir nossos lares e negócios. Temos de reforçar as estruturas de redes elétricas, portos e pontes, além de plantar mais manguezais (mais sobre isso daqui a pouco) e aprimorar nossos sistemas de alerta de tempestades.

Voltarei a esses projetos ainda neste capítulo. Mas, por ora, quero falar sobre quem primeiro me vem à mente quando penso naqueles que arcarão com a pior parte do desastre climático e mais precisarão de ajuda para adaptar-se a ele. Suas preocupações não envolvem coisas como redes elétricas, portos e pontes. São as pessoas de baixa renda que encontro em meu trabalho com assistência à saúde e desenvolvimento ao redor do mundo: para elas, as mudanças climáticas trarão as piores consequências. Suas vidas demonstram a complexidade de combater a pobreza e o problema do clima ao mesmo tempo.

Por exemplo, conheci a família Talam — Laban, Miriam e seus três filhos — em 2009, quando estava no Quênia para aprender sobre o dia a dia de pequenos proprietários rurais (com menos de quatro acres de terra, ou 16 mil metros quadrados). Visitei sua fazenda após rodar alguns quilômetros por uma estrada de terra nos arredores de Eldoret, uma das cidades de crescimento mais acelerado do país. A propriedade da família Talam não tinha muito além de algumas cabanas redondas de barro com teto de palha e um cercado de animais, totalizando cerca de 8 mil metros quadrados, ou menos que um campo de beisebol profissional. Mas o que estava acontecendo nesse pequeno lote atraíra centenas de agricultores num raio de quilômetros, curiosos para descobrir como seguir seu exemplo.

Fui recebido na porteira por Laban e Miriam, que começaram a me contar sua história. Dois anos antes, praticavam agricultura de subsistência. Como a maioria dos vizinhos, viviam numa pobreza desesperadora. Plantavam milho e outros cultivos, uma parte para sua própria alimentação, o resto para vender no mercado. Laban fazia alguns bicos, de modo a completar o orçamento doméstico. Para aumentar seus rendimentos, compraram uma vaca, que o casal ordenhava duas vezes por dia: vendiam o leite da manhã para um comerciante local e guardavam a ordenha do fim do dia para si e seus filhos. No total, a vaca produzia três litros de leite diários, para vender e ainda dividir entre uma família de cinco.

Quando os conheci, sua vida havia melhorado significativamente. Eles já tinham quatro vacas, que davam 26 litros de leite

Visitei Miriam e Laban Talam em sua fazenda em Kabiyet, Quênia, em 2009. Sua história de sucesso é incrível, mas as mudanças climáticas podem destruir todo o progresso que fizeram.

diários. Eles vendiam vinte litros por dia e guardavam seis para consumo próprio. As vacas rendiam quatro dólares por dia, o que nessa parte do Quênia foi suficiente para lhes permitir reconstruir sua casa, cultivar abacaxis para exportação e mandar os filhos à escola.

Seu momento decisivo, disseram, foi a instalação de tanques de resfriamento de leite nas proximidades. Os Talam e outros agricultores da região levavam seu leite cru para lá, onde era mantido sob refrigeração para ser transportado por todo o país e comercializado a preços melhores do que os praticados na região. As instalações de resfriamento também serviam como uma espécie de centro de treinamento. Os proprietários locais de terras dedicadas à pecuária podiam aprender a criar um gado mais saudável e produtivo, obter vacinas para seus animais e até testar o leite, que livre de contaminações ganhava mais valor de mercado. Se o produto não atendia aos padrões de qualidade, recebiam dicas sobre como melhorá-lo.

No Quênia, onde vivem os Talam, cerca de um terço da população trabalha na agricultura. No mundo todo, há 500 milhões de pequenos proprietários rurais, e cerca de dois terços de pessoas vivendo na pobreza estão na zona rural.[1] Contudo, embora sejam muitos, esses pequenos produtores geram pouquíssimas emissões de gases de efeito estufa, porque têm pouco acesso a produtos e serviços que envolvem a queima de combustíveis fósseis. O queniano médio gera 55 vezes menos dióxido de carbono do que o americano, e pequenos produtores rurais como os Talam, menos ainda.[2]

Mas, se lembrarmos dos problemas mencionados no capítulo 6, perceberemos a contradição logo de cara: os Talam compraram mais algumas cabeças de gado, e nenhum outro animal de criação contribui tanto para as mudanças climáticas quanto os bovinos.

Nesse aspecto, os Talam não fizeram nada de incomum. Para muitos produtores rurais pobres, ganhar mais dinheiro significa uma chance de investir em ativos valiosos, como frangos, cabras e vacas — animais que oferecem boa fonte de proteína e uma renda extra com a venda de leite e ovos. Trata-se de uma decisão sensata, e qualquer um interessado em reduzir a pobreza pensaria duas vezes antes de lhes dizer para não a tomar. Eis o dilema: conforme sobem a escada da riqueza, as pessoas causam cada vez mais emissões. Por isso precisamos inovar — para que os pobres possam melhorar de vida sem agravar ainda mais as mudanças climáticas.

A injustiça cruel é que, embora não façam quase nada que agrave as mudanças climáticas, são os pobres que mais sofrerão com ela. Estão em curso transformações que trarão desafios para fazendeiros relativamente prósperos nos Estados Unidos e na Europa, mas que podem ser mortais para agricultores de baixa renda na África e na Ásia.

À medida que o clima esquenta, as secas e inundações se tornarão mais rotineiras, destruindo as colheitas com mais frequência do que nunca. Os animais com menos alimento à disposição produzem menos carne e leite. O ar e o solo perdem umidade, deixando menos água disponível para as plantas; no Sul da Ásia e na África subsaariana, dezenas de milhões de hectares de terras cultiváveis ficarão substancialmente mais secas. As pragas já infestam cada vez mais plantações conforme vão migrando em busca de ambientes mais favoráveis para viver. A temporada de cultivo também será mais curta; com 4ºC de aquecimento, a maior parte da África subsaariana pode ter de lidar com um encurtamento de 20% ou mais.

Quando já se vive no limite, qualquer uma dessas mudanças pode ser desastrosa. Se a pessoa não tem economias e suas lavouras morrem, não há como comprar mais sementes; é um beco sem saída. Além do mais, todos esses problemas encarecerão ainda mais os alimentos para os que já têm menos acesso a eles. Com as mudanças climáticas, os preços irão às alturas para centenas de milhões que gastam mais da metade de sua renda com alimentação.

Com a menor oferta de comida, a imensa desigualdade entre ricos e pobres se acentuará ainda mais. Hoje, uma criança nascida no Chade tem uma probabilidade cinquenta vezes maior de morrer antes de completar cinco anos do que uma nascida na Finlândia. Com a crescente escassez de alimentos, mais crianças deixarão de receber todos os nutrientes necessários, o que enfraquece as defesas naturais do corpo e as torna muito mais propensas a morrer de diarreia, malária ou pneumonia. Um estudo revelou que a quantidade adicional de mortes ligadas ao calor poderia se aproximar dos 10 milhões por ano até o fim do século (é mais ou menos o mesmo número de mortes causadas por doenças infecciosas atualmente), com a maior parte da mortalidade ocorrendo nos países pobres. E as que não morrerem terão probabilidade muito maior de sofrer com problemas de crescimento — ou seja, terão um desenvolvimento incompleto, em termos físicos ou mentais.

Em última análise, o maior impacto das mudanças climáticas nos países pobres será a deterioração da saúde — a elevação das taxas de desnutrição e de mortalidade. Portanto, precisamos ajudar os mais pobres a ter uma saúde melhor. Vejo duas maneiras de fazer isso.

Uma é elevar as chances de sobrevivência de crianças com desnutrição. Isso significa melhorar os sistemas de saúde primários, redobrando esforços na prevenção da malária e continuando a distribuir vacinas para doenças como diarreia e pneumonia. Embora a covid-19 tenha dificultado bastante todas essas coisas, o mundo já sabe muito bem como fazê-las: o programa de vacinação conhecido como GAVI, que evitou 13 milhões de mortes desde 2000, está entre as maiores realizações da humanidade.[3] (A contribuição da Fundação Gates para essa empreitada mundial é um dos nossos maiores orgulhos.) Não podemos permitir um retrocesso nesse quesito em função das mudanças climáticas. Na verdade, precisamos acelerar esse progresso, desenvolvendo vacinas para outras doenças, incluindo HIV, malária e tuberculose, e levando-as a todos que delas necessitam.

Além de salvar a vida de crianças desnutridas, precisamos garantir que haja menos pessoas sofrendo desse problema, antes de mais nada. Com o crescimento populacional, a demanda por alimento provavelmente dobrará ou triplicará nas regiões mais pobres do mundo. Portanto, devemos ajudar os agricultores pobres a cultivar mais, mesmo sofrendo com secas e enchentes. Falarei mais sobre isso na próxima seção.

Passo boa parte do meu tempo entre pessoas que administram verbas de auxílio internacional nos países do mundo rico. Mesmo algumas muito bem-intencionadas me disseram: "Costumávamos financiar vacinas. Agora precisamos direcionar nossas verbas para as questões climáticas" — ou seja, ajudar a África a diminuir suas emissões de gases de efeito estufa.

Eu digo: "Por favor, não tirem dinheiro das vacinas para gastar em carros elétricos. A África é responsável por apenas 2% das emissões globais. Vocês deveriam na verdade financiar a *adaptação*. A melhor maneira de ajudar os pobres a se adaptarem às mudanças climáticas é garantir que tenham saúde suficiente para sobreviver. E para prosperar apesar delas".

Provavelmente, você nunca ouviu falar no CGIAR (sigla em inglês de Conselho de Pesquisa Agrícola Internacional). Eu também não, até cerca de uma década atrás, quando comecei a estudar os problemas enfrentados pelos agricultores nos países pobres. Pelo que tenho visto, nenhuma outra organização fez mais do que o CGIAR para assegurar que as famílias — especialmente as mais pobres — tenham alimento nutritivo na mesa. E nenhuma outra organização está em melhor posição para criar as inovações que ajudarão os produtores rurais pobres a se adaptar às mudanças climáticas nos próximos anos.

O CGIAR é o maior grupo de pesquisa agrícola do mundo: em resumo, ele ajuda a criar a genética de plantas e animais melhorados. Foi em um laboratório do CGIAR no México que Norman Borlaug — talvez você se lembre dele do capítulo 6 — realizou seu trabalho inovador com o trigo, desencadeando a Revolução Verde. Outros pesquisadores do CGIAR, inspirados no exemplo de Borlaug, desenvolveram um arroz similar, de alta produtividade e resistente a doenças e, nos anos seguintes, o trabalho do grupo com animais de criação, batatas e milho ajudou a reduzir a pobreza e a prover mais nutrição.

É uma pena que pouca gente ainda conheça o CGIAR, mas isso não é nenhuma surpresa. Para começar, o nome é muitas vezes confundido com "*cigar*", sugerindo uma ligação com a indústria do tabaco. (Não tem nenhuma.) E também não ajuda o fato de o CGIAR ser não uma simples organização, e sim uma rede de quinze centros de pesquisa independentes, a maioria conhecida por suas próprias siglas incompreensíveis. A lista inclui CIFOR, ICARDA, CIAT, ICRISAT, IFPRI, IITA, ILRI, CIMMYT, CIP, IRRI, IWMI e ICRAF.

Apesar de sua predileção pela sopa de letrinhas, o CGIAR será indispensável no desenvolvimento de novas plantações e animais adaptados às mudanças climáticas para os agricultores pobres. Um dos meus exemplos favoritos é seu trabalho com milho resistente a seca.

Embora as safras de milho na África subsaariana sejam as piores do mundo, mais de 200 milhões de famílias ainda dependem desse cultivo para seu sustento. E, à medida que os padrões climáticos se tornam mais erráticos, os agricultores correm mais risco de ter safras de milho menores, ou, às vezes, nenhuma colheita.

Por isso, os especialistas do CGIAR desenvolveram dezenas de novas variedades de milho, capazes de suportar condições adversas de seca e adaptadas ao cultivo em diferentes regiões da África. No início, muitos pequenos proprietários rurais ficaram temerosos de experimentar as novas variedades, e com razão: se o seu ganha-pão depende disso, você não vai ficar ansioso para se arriscar com sementes que nunca plantou antes, pois se a lavoura não prosperar não há ao que recorrer. Mas, conforme os especialistas foram trabalhando junto aos agricultores locais e aos fornecedores de sementes para explicar os benefícios das novas variedades, cada vez mais pessoas as adotaram.

Os resultados transformaram a vida de inúmeras famílias. No Zimbábue, por exemplo, agricultores de regiões atingidas pela seca que usaram esse milho mais resistente puderam colher seiscentos quilos por hectare a mais do que aqueles que usaram as variedades convencionais. (É produção suficiente para alimentar uma família de seis pessoas por nove meses.) Para as famílias que decidiram vender suas colheitas, isso representou dinheiro extra suficiente para mandar os filhos à escola e suprir outras necessidades da casa. Os especialistas ligados ao CGIAR em seguida desenvolveram novas variedades de milho que crescem bem em solos pobres, resistem a doenças, pragas ou ervas daninhas, elevam a safra em mais de 30% e ajudam a combater a desnutrição.

E não é apenas o milho. Graças ao trabalho do CGIAR, novos tipos de arroz resistente a seca estão se espalhando rapidamente pela Índia, onde as mudanças climáticas têm causado mais períodos de seca durante a temporada de chuvas. Eles desenvolveram ainda um tipo de arroz — apropriadamente apelidado de "*scuba*" — que consegue sobreviver sob a água por duas semanas. Em geral, os arrozais reagem a uma inundação esticando suas folhas para escapar; se ficam sob a água por muito tempo, gastam toda a energia tentando alcançar a superfície e, na prática, morrem de exaustão. O arroz *scuba* não tem esse problema: ele possui um gene chamado SUB1, que é acionado durante a cheia, tornando a planta dormente — de modo que pare de se alongar — até as águas baixarem.

O foco do CGIAR não são só novas sementes. Seus cientistas também criaram um aplicativo de celular que permite aos agricultores usar a câmera do aparelho para identificar pragas e doenças específicas que atacam a mandioca, um cultivo economicamente importante na África. O grupo também criou programas para usar drones e sensores no solo para ajudar os fazendeiros a determinar de quanta água e fertilizantes suas lavouras necessitam.

Uma plantação de arroz *scuba*, capaz de resistir a um alagamento por duas semanas, o que será ainda mais importante com as inundações se tornando mais frequentes.

Os agricultores pobres precisam de mais avanços do que isso, mas, para torná-los disponíveis, o CGIAR e outros grupos de pesquisa em agricultura precisarão de mais dinheiro. A pesquisa agrícola sofre com uma falta de verba crônica. Inclusive, dobrar o financiamento do CGIAR para que beneficie mais agricultores é uma das principais recomendações da Comissão Global para a Adaptação, que lidero junto com o antigo secretário-geral das Nações Unidas Ban Ki-moon e a ex-diretora executiva do Banco

Mundial Kristalina Georgieva.* Na minha cabeça, não há dúvida de que se trata de um dinheiro bem empregado: cada dólar investido na pesquisa do CGIAR gera cerca de seis dólares em benefícios.[4] Warren Buffett daria o braço direito para encontrar um investimento que pagasse seis para um e ainda salvasse vidas no processo.

Além de ajudar os pequenos proprietários rurais em seus cultivos, nossa comissão para a adaptação faz três outras recomendações relacionadas à agricultura:

Ajudar os produtores a gerir os riscos em um clima mais caótico. Por exemplo, os governos podem ajudá-los a diversificar seus cultivos e criações para não se arruinarem caso percam uma safra. Os governos também deveriam fortalecer os sistemas de seguridade social e providenciar seguros agrícolas baseados no clima para ajudá-los a recuperar suas perdas.

Concentrar-se nos mais vulneráveis. As mulheres não são o único grupo vulnerável, porém são o mais numeroso. Por toda uma variedade de motivos — culturais, políticos, econômicos —, as mulheres das zonas rurais enfrentam dificuldades ainda maiores do que os homens. Elas podem não obter direito à terra, por exemplo, ou igual acesso à água, ou financiamento para a compra de fertilizantes, ou mesmo um boletim meteorológico. Portanto, precisamos de ações como a promoção dos direitos à propriedade das mulheres e o aconselhamento técnico específico para elas. Isso pode valer substancialmente a pena: um estudo de uma agência da ONU revelou que, se as mulheres tivessem o mesmo acesso aos

* A comissão é orientada por 34 membros, que incluem chefes de governo, empresas, organizações sem fins lucrativos e a comunidade científica, além de uma assembleia de dezenove países representando todas as regiões do globo. Uma rede mundial de parceiros e consultores de pesquisa apoia a comissão. Ela é codirigida pelo Centro Global para a Adaptação e o Instituto de Recursos Mundiais.

recursos que os homens, poderiam cultivar entre 20% e 30% mais alimento em suas propriedades e reduzir o número de pessoas passando fome no mundo em 12% a 17%.[5]

Levar em conta as mudanças climáticas na elaboração de políticas públicas. Pouquíssimo dinheiro é direcionado para a adaptação dos agricultores; uma minúscula fatia dos 500 bilhões de dólares que os governos gastaram em agricultura entre 2014 e 2016 se destinava a atividades que amenizassem o impacto das mudanças climáticas para os pobres. Os governos deveriam elaborar políticas e incentivos para ajudar os agricultores a reduzir suas emissões ao mesmo tempo que cultivam mais produtos.

Resumindo: os ricos e a classe média são os principais responsáveis pelas mudanças climáticas. Os pobres têm a menor parcela de culpa no problema, porém são os que mais sofrerão. Eles merecem a ajuda de todo o mundo e necessitam de mais auxílio do que estão recebendo.

Aprendi muita coisa sobre as dificuldades dos agricultores pobres — e o impacto que as mudanças climáticas terão sobre eles — ao longo das duas últimas décadas em meu trabalho de combate à pobreza global. É mais uma de minhas paixões, pois sou fissurado pela fascinante ciência do aprimoramento de variedades vegetais.

Até pouco tempo atrás, porém, eu não prestava muita atenção às demais peças do quebra-cabeça da adaptação, como o que as cidades deveriam fazer para se preparar, ou como os ecossistemas serão afetados. Mas ultimamente tive oportunidade de me aprofundar no assunto graças a meu trabalho com a comissão de adaptação que mencionei há pouco. Apresento aqui algumas reflexões que fiz após essa experiência — com o respaldo de dezenas de especialistas em ciências, políticas públicas, indústria e outras áreas — para dar uma ideia do que mais será necessário para nos adaptarmos a um clima mais quente.

De uma forma geral, podemos dividir a adaptação em três estágios. O primeiro envolve reduzir os riscos representados pelas mudanças climáticas por meio de uma série de passos como construir prédios e demais infraestruturas à prova de intempéries, preservar as áreas alagáveis para proteção contra enchentes e — quando necessário — incentivar as populações a abandonar regiões que já não são mais habitáveis.

Em seguida há a preparação e resposta às emergências. Temos de continuar aperfeiçoando as previsões meteorológicas e os sistemas de alerta de tempestades. E, quando o desastre ocorrer, precisamos de equipes de emergência bem equipadas e treinadas e de um plano para lidar com as evacuações temporárias.

Por fim, após um desastre, há o período de recuperação. Precisaremos planejar serviços para os que foram desalojados — como sistema de saúde e de ensino —, apólices de seguro que ajudem pessoas de todos os níveis de renda a se restabelecer, além de estabelecer novos parâmetros de reconstrução, assegurando que os novos prédios sejam mais resistentes ao clima que os anteriores.

Estes quatro fatores de adaptação são os principais:

As cidades precisam mudar a maneira como crescem. As áreas urbanas abrigam mais da metade da população mundial — proporção que aumentará nos próximos anos — e são responsáveis por mais de três quartos da economia mundial. À medida que se expandem, muitas dessas cidades acabarão sendo erguidas sobre várzeas, florestas e áreas alagáveis que poderiam absorver transbordamentos durante uma tempestade ou servir como reservatórios de água durante uma seca.

Todas serão afetadas pela mudança climática, mas as cidades costeiras sofrerão as piores consequências. Centenas de milhões de pessoas poderão ser expulsas de suas casas quando o nível do mar subir e as ressacas se agravarem. Em meados do século, o custo das mudanças climáticas para as cidades litorâneas pode chegar a mais de 1 trilhão de dólares... anuais. É desnecessário dizer que isso apenas agravará os problemas que a maioria das cidades já enfrenta — pobreza, falta de moradia, saúde, educação.

Qual seria o aspecto de uma cidade resistente ao clima? Para começar, os planejadores urbanos precisam dos dados mais atualizados sobre os riscos e acesso às projeções de modelos computacionais que preveem o impacto das mudanças climáticas. (Atualmente, muitos governantes municipais no mundo em desenvolvimento não contam sequer com mapas com informações básicas, como quais áreas da cidade são mais propensas a inundações.) Munidos de melhores informações, eles podem tomar decisões mais acertadas sobre como planejar os bairros e distritos industriais, construir ou expandir quebra-mares, se proteger de tempestades cada vez mais violentas, reforçar sistemas de drenagem de águas pluviais e elevar os cais para que fiquem acima das marés.

Em termos mais específicos: uma nova ponte construída sobre um rio local deverá ter 3,5 metros ou 5,5 metros de altura? A mais alta é mais cara no curto prazo, mas, se soubermos que existe a enorme possibilidade de uma grande inundação na próxima década, seria a escolha mais sensata. Melhor construir uma ponte mais cara do que uma mais barata duas vezes.

E não se trata apenas de reformar a infraestrutura já existente nas cidades; as mudanças climáticas também vão nos obrigar a levar em conta novas demandas. Por exemplo, cidades com dias muito quentes e moradores sem condições de ter ar-condicionado em casa precisarão criar centros de resfriamento aonde as pessoas possam ir para fugir do calor. Infelizmente, o maior número de aparelhos de ar-condicionado também implica mais gases de efeito estufa, outro motivo para a enorme importância das inovações em resfriamento que mencionei no capítulo 8.

Devemos reforçar nossas defesas naturais. As florestas armazenam e regulam a água. Áreas alagáveis impedem transbordamentos e fornecem água para fazendas e cidades. Os recifes de coral abrigam peixes dos quais as comunidades costeiras dependem para se alimentar. Mas essas e outras defesas naturais contra as mudanças climáticas estão desaparecendo rapidamente. Mais de 3,5 milhões de hectares de matas virgens foram destruídos só em 2018, e quando — como é provável — atingirmos 2°C de aquecimento, a maioria dos recifes de coral do mundo morrerá.

Por outro lado, restaurar ecossistemas traz vantagens substanciais. Os serviços públicos de água nas maiores cidades do mundo poderiam economizar 890 milhões de dólares por ano com a restauração de florestas e bacias hidrográficas. Muitos países já mostram o caminho: no Níger, uma iniciativa de reflorestamento implementada pelos agricultores aumentou a produtividade das colheitas, adensou a cobertura vegetal e reduziu o tempo que as mulheres passavam juntando lenha de três horas diárias para meia hora. A China identificou cerca de um quarto de seu território como locais cujos recursos naturais fundamentais estão em situação crítica, onde a prioridade é promover a conservação e a preservação do ecossistema. O México protege atualmente um terço de suas bacias fluviais para preservar o suprimento de água de 45 milhões de pessoas.

Se conseguirmos avançar com base nessas iniciativas, difundindo a conscientização sobre a importância desses ecossistemas e ajudando mais países a seguir seu exemplo, teremos os benefícios de uma defesa natural contra as mudanças climáticas.

A preservação de áreas de mangue é outra medida óbvia. Esse ecossistema é composto de árvores baixas, adaptadas à vida em águas salobras, que crescem ao longo do litoral; eles reduzem a subida das águas causada pelas tempestades, evitam a inunda-

Plantar manguezais é um grande investimento. Eles ajudam a evitar 80 bilhões de dólares anuais em prejuízos com enchentes.

ção costeira e protegem os habitats dos peixes. No total, os manguezais ajudam o mundo a evitar 80 bilhões de dólares por ano em prejuízos causados por enchentes e economizam mais outros bilhões de diferentes maneiras. Plantar manguezais é bem mais barato do que construir quebra-mares, e as árvores também melhoram a qualidade da água. É um grande investimento.

Precisaremos de mais água potável do que podemos obter. Com os lagos e aquíferos encolhendo ou sendo contaminados, fica cada vez mais difícil fornecer água potável para todos. A maioria das megacidades do mundo já enfrenta graves períodos de escassez, e, se nada mudar até meados do século, a quantidade de gente sem acesso a água limpa pelo menos uma vez por mês crescerá em mais de um terço, chegando a 5 bilhões de pessoas.

A tecnologia pode ajudar. Já sabemos como extrair o sal da água do mar e torná-la potável, mas o processo requer muita energia, assim como mover a água do oceano para as instalações de dessalinização e para o consumidor final. (Isso significa que, como tantas coisas, o problema hídrico é em última instância um problema de energia: com energia barata e limpa, podemos produzir toda água potável de que precisamos.)

Uma boa ideia que tenho estudado com atenção envolve extrair água do ar. É basicamente um desumidificador à base de energia solar com um avançado sistema de filtragem para despoluir a água. Esse sistema já está disponível, mas hoje custa milhares de dólares, caro demais para os pobres, que são aqueles que mais sofrerão com a escassez de água.

Até que uma invenção como essa se torne mais acessível, precisamos tomar medidas práticas — incentivos que diminuam a demanda e ações que aumentem a oferta. Isso inclui desde o reúso de águas servidas até a irrigação inteligente, sistema que reduz substancialmente o uso da água ao mesmo tempo que eleva a produtividade do solo.

Por fim, para financiar projetos de adaptação, precisamos encontrar novas fontes de dinheiro. Não me refiro a ajuda estrangeira a países em desenvolvimento — embora também precisemos disso —, mas a uma forma de usar o dinheiro público para atrair investidores privados para participar desses projetos.

O problema que precisamos superar é o seguinte: as pessoas pagam adiantado pela adaptação, mas os benefícios econômicos às vezes demoram anos para aparecer. Por exemplo, você pode equipar seu estabelecimento com uma estrutura à prova de enchentes hoje, mas um desastre como esse talvez só venha a ocorrer daqui a dez ou vinte anos. E sua reforma não vai gerar lucro; nenhum cliente pagará mais pelos seus produtos porque o esgoto parou de invadir seu porão em dias de enchente. Sendo assim, os bancos não se mostrarão muito dispostos a emprestar dinheiro para seu projeto, ou cobrarão uma taxa de juros mais elevada. De um jeito ou de outro, você tem de arcar com parte do custo sozinho e, nesse caso, talvez prefira não fazer isso.

Pegue esse único exemplo e multiplique por toda uma cidade, estado ou país e você verá por que o poder público tem de ser ativo tanto no financiamento de projetos de adaptação como na promoção da participação da iniciativa privada. Precisamos tornar a adaptação um investimento atraente.

O primeiro passo é encontrar maneiras de os agentes financeiros públicos e privados levarem em consideração os riscos das mudanças climáticas e os precificarem de acordo. Alguns governos e empresas já estão selecionando seus projetos para lidar com riscos climáticos; e todos deveriam. Os governos também podem empregar mais recursos na adaptação, estabelecendo metas para quanto investirão ao longo do tempo e adotando políticas inteligentes que eliminem parte do risco para os investidores privados. À medida que as compensações por projetos de adaptação se tornarem mais claras, o investimento privado também crescerá.

Você pode estar se perguntando quanto tudo isso iria custar. Não existe maneira de cravar um valor para tudo o que o mundo precisa fazer para se adaptar às mudanças climáticas. Mas minha comissão pesquisou os gastos em cinco áreas fundamentais (criação de sistemas de alerta de tempestades, construção de infraestrutura resistente ao clima, elevação da produtividade das colheitas, manejo da água e proteção aos manguezais) e descobriu que investir 1,8 trilhão de dólares entre 2020 e 2030 representaria um retorno de mais de 7 trilhões de dólares em benefícios. Pondo essa cifra em perspectiva, distribuído ao longo de uma década, isso equivale a cerca de 0,2% do PIB mundial, com um retorno de investimento quase quadruplicado.

Podemos medir esses benefícios em termos das coisas ruins que deixam de acontecer: guerras civis pelo acesso a recursos hídricos, produtores rurais arruinados por secas ou enchentes, cidades arrasadas por furacões, ondas de refugiados por catástrofes climáticas. Ou podemos medi-los em termos das coisas boas que acontecem: crianças dispondo dos nutrientes necessários para seu desenvolvimento, famílias escapando da pobreza e se juntando à classe média mundial, negócios, cidades e países prosperando mesmo com o clima mais quente.

Seja qual for seu modo de pensar, a questão econômica está clara, bem como a moral. A pobreza extrema despencou no último quarto de século, de 36% da população mundial em 1990 para 10% em 2015 —[6] embora a pandemia de covid-19 tenha representado um verdadeiro retrocesso, que anulou progressos bastante importantes. As mudanças climáticas podem nos fazer regredir ainda mais, aumentando em 13% o número de pessoas na miséria.

Os que mais fizeram para causar o problema deveriam ajudar o resto do mundo a sobreviver a ele. É uma dívida que temos a pagar.

Há outro aspecto da adaptação que merece muito mais atenção do que recebe: precisamos nos preparar para os piores cenários possíveis.

Os cientistas do clima identificaram diversos eventos críticos capazes de acelerar drasticamente o ritmo das mudanças climáticas — por exemplo, se as estruturas cristalinas parecidas com gelo contendo grande quantidade de metano que existe no solo oceânico se tornarem instáveis e se romperem. Em um tempo relativamente curto, poderiam ocorrer desastres mundiais, arruinando todos os nossos preparativos. E quanto maior a temperatura, maior a probabilidade de chegarmos a uma situação como essa.

Se um evento como esse começar a parecer uma possibilidade concreta, você vai ouvir mais sobre uma série de ideias ousadas — alguns diriam malucas — identificadas pelo termo genérico "geoengenharia". São iniciativas nunca testadas, e que tocam em questões éticas espinhosas. Mas vale a pena estudá-las e debatê-las enquanto ainda podemos nos dar ao luxo de estudar e debater.

A geoengenharia é uma ferramenta emergencial moderna, do tipo "EM CASO DE EMERGÊNCIA QUEBRE O VIDRO". Em resumo, a proposta é fazer alterações temporárias nos oceanos ou na atmosfera para baixar a temperatura do planeta. Elas não se destinam a nos eximir da responsabilidade de reduzir as emissões; apenas seriam uma forma de ganhar tempo para podermos agir.

Há alguns anos, financio estudos de geoengenharia (o financiamento é minúsculo comparado ao trabalho em mitigação e adaptação que apoio). A maioria das iniciativas relacionadas à geoengenharia baseia-se na ideia de que, para compensar o aquecimento causado por gases de efeito estufa lançados à atmosfera, precisamos reduzir a quantidade de luz do sol que chega ao planeta para cerca de 1%.*

Existem várias maneiras de fazer isso. Uma envolve espalhar partículas extremamente finas — com milionésimos de centímetro de diâmetro — nas camadas mais altas da atmosfera. Os cientistas sabem que essas partículas dispersariam a luz solar e causariam algum resfriamento, porque já viram isso acontecer: quando vulcões muito poderosos entram em erupção, expelem partículas similares e diminuem perceptivelmente a temperatura mundial.

Outra iniciativa de geoengenharia é tornar as nuvens mais

* Caso você queira conhecer os cálculos por trás dessa cifra: a luz solar é absorvida pela Terra a uma taxa de cerca de 240 watts por metro quadrado. Atualmente, há dióxido de carbono na atmosfera suficiente para absorver calor a uma taxa de cerca de dois watts por metro quadrado. Assim, precisamos diminuir a luz solar em 2/240, ou 0,83%. No entanto, como as nuvens acabariam se ajustando à geoengenharia solar, na verdade precisaríamos diminuir a luz solar um pouco mais, para cerca de 1% da luz que chega. Se a quantidade de carbono dobrar, absorveria calor a uma taxa de quatro watts por metro quadrado, e precisaríamos dobrar a diminuição da luz solar para cerca de 2%.

brilhantes. Como a luz do sol se esparrama pelo topo delas, poderíamos tornar a luz ainda mais difusa e resfriar o planeta borrifando sal nas nuvens, para dispersarem mais a luz. E não seria preciso uma mudança dramática; para chegar a uma redução de 1%, precisaríamos apenas aumentar em 10% o brilho das nuvens que cobrem 10% da área terrestre.

Há outras iniciativas relacionadas à geoengenharia; todas elas têm três coisas em comum. Primeiro, são relativamente baratas, em comparação com a escala do problema, exigindo um capital inicial de menos de 10 bilhões de dólares e gastos operacionais mínimos. Segundo, o efeito nas nuvens dura cerca de uma semana, assim poderíamos usá-las pelo tempo que quiséssemos e depois interrompê-las sem impactos de longo prazo. E, terceiro, quaisquer problemas técnicos que essas ideias venham a enfrentar não são nada diante dos entraves políticos que certamente encontrarão.

Alguns críticos atacam a geoengenharia por ser uma intervenção gigantesca no meio ambiente, mas, como observam os defensores dessa área, algo similar já está sendo conduzido, com a emissão de quantidades gigantescas de gases de efeito estufa.

É justo dizer que precisamos compreender melhor o impacto potencial da geoengenharia em cada lugar. Trata-se de uma preocupação legítima que merece muito mais estudos antes de até mesmo considerarmos aplicar a geoengenharia em larga escala no mundo real. Além disso, como a atmosfera é literalmente um assunto global, nenhuma nação isolada pode decidir tentar essa iniciativa por conta própria. Será preciso haver um consenso.

No momento, é difícil imaginar os países concordando em mudar artificialmente a temperatura do planeta. Mas a geoengenharia é a única maneira conhecida pela qual poderíamos esperar baixar a temperatura da Terra em alguns anos ou décadas sem paralisar a economia. Chegará o dia em que não teremos escolha. Melhor nos prepararmos para ele.

10. A importância das políticas públicas

Em 1943, no auge da Segunda Guerra Mundial, uma espessa nuvem de fumaça desceu sobre Los Angeles, e foi tão nociva que deixou os moradores com os olhos ardendo e o nariz escorrendo. Motoristas não conseguiam enxergar três quadras adiante. Houve quem achasse que se tratava de um ataque japonês com armas químicas.

Mas a cidade não havia sido atacada — pelo menos, não por nenhum exército estrangeiro. O verdadeiro culpado era o *smog*, uma infeliz combinação de poluição do ar e condições meteorológicas.

Quase uma década mais tarde, por cinco dias em dezembro de 1952, Londres também foi paralisada pelo mesmo fenômeno. Ônibus e ambulâncias pararam de operar. A visibilidade era tão ruim, mesmo no interior das construções, que os cinemas fecharam. Houve saques por toda parte, já que os policiais não conseguiam enxergar mais que alguns metros em qualquer direção. (Se você, como eu, é fã da série *The Crown*, da Netflix, deve se lembrar de um episódio impactante da primeira temporada que

Este policial teve de usar sinalizador para orientar o trânsito durante o Grande Smog de Londres em 1952.

se passa durante esse incidente pavoroso.) O acontecimento que ficou conhecido como o Grande Smog de Londres matou pelo menos 4 mil pessoas.

Graças a incidentes como esse, as décadas de 1950 e 1960 marcaram a chegada da poluição do ar como uma causa central de preocupação do público nos Estados Unidos e na Europa, e os legisladores responderam rapidamente. O Congresso americano forneceu verba para pesquisa e possíveis remédios para o problema em 1955. No ano seguinte, o governo britânico aprovou a Lei do Ar Limpo, que criou zonas de controle de fumaça por todo o país, onde apenas combustíveis de queima mais limpa podiam ser usados. Sete anos mais tarde, a Lei do Ar Limpo americana estabeleceu o sistema de regulamentações moderno para controlar a poluição do ar nos Estados Unidos; continua sendo a lei mais abrangente — e uma das mais influentes — a regulamentar o tipo de poluição do ar que constitui ameaça à saúde pública. Em 1970, o presidente Nixon fundou a Agência de Proteção Ambiental para ajudar a implementá-la.

A Lei do Ar Limpo nos Estados Unidos alcançou o efeito desejado — eliminar os gases nocivos do ar —, e desde 1990 o nível de dióxido de nitrogênio nas emissões americanas caiu 56%, o de monóxido de carbono, 77%, e o de dióxido de enxofre, 88%. O chumbo praticamente desapareceu das emissões geradas no país. Embora ainda haja muito trabalho, conseguimos fazer tudo isso mesmo com o crescimento de nossa economia e população.

Mas não precisamos procurar na história exemplos de como políticas públicas sensatas ajudam a resolver um problema como a poluição do ar. Tudo isso está acontecendo agora mesmo. Desde 2014, a China vem implementando diversos programas para combater o smog nos centros urbanos e os elevados níveis de poluentes perigosos no ar. O governo determinou novas metas para redução da poluição do ar, proibiu a construção de mais termelétricas a carvão perto das cidades mais poluídas e limitou o uso de carros não elétricos nas grandes cidades. Em alguns anos, Beijing registrou um declínio de 35% em determinados tipos de poluentes, e Baoding, cidade de 11 milhões de habitantes, de 38%.

Embora a poluição do ar continue sendo uma causa primordial de doenças e mortes — matando cerca de 7 milhões de pessoas todos os anos —, as políticas públicas implementadas sem dúvida impediram que esse número fosse ainda maior.* (Também ajudaram a reduzir um pouco os gases de efeito estufa, mesmo que não fosse seu propósito original.) Hoje, elas ilustram perfeitamente o papel fundamental do governo em evitar um desastre climático.

* Os incêndios florestais, como os que se alastraram pelo oeste dos Estados Unidos em 2020, são um problema à parte, mas relacionado. A fumaça dos incêndios tornou as ruas perigosas para milhões de pessoas.

Admito que "políticas públicas" seja uma expressão vaga e pouco convidativa. Uma grande descoberta, como um novo tipo genial de bateria, seria bem mais atraente do que o incentivo público que possibilitou sua invenção. Mas a descoberta nem existiria se o governo não gastasse dinheiro com pesquisa, com medidas concebidas para tirar a pesquisa do laboratório e levá-la ao mercado e com regulamentações que produziram mercados e facilitaram seu emprego em larga escala.

Neste livro, tenho enfatizado as invenções necessárias para chegarmos a zero — novas maneiras de armazenar eletricidade, fabricar aço e assim por diante —, mas a inovação não é apenas uma questão de criar novos dispositivos. Significa também desenvolver novas políticas públicas, de modo que essas invenções sejam apresentadas e disponibilizadas no mercado o mais rápido possível.

Felizmente, no processo de elaboração dessas políticas, não começamos do zero. Temos *muita* experiência na regulamentação de energia. Na verdade, trata-se de um dos setores mais regulamentados da economia, nos Estados Unidos e no mundo. Além de ar mais limpo, as políticas públicas para a energia inteligente nos trouxeram o seguinte:

Eletrificação. Em 1910, apenas 12% dos americanos tinham energia elétrica em casa. Em 1950, esse número chegou a mais de 90%, graças a esforços como o financiamento federal de represas, a criação de agências federais para regulamentar a energia e um gigantesco projeto para levar eletricidade a áreas rurais.

Segurança energética. Em resposta à crise do petróleo da década de 1970, os Estados Unidos resolveram aumentar a produção doméstica de várias fontes de energia. O governo federal começou seus primeiros grandes projetos de pesquisa e desenvolvimento em 1974. No ano seguinte, o país estabeleceu uma importante legislação relacionada à conservação de energia, incluindo padrões de eficiência de combustível para os carros. Dois anos depois, foi criado o Departamento de Energia. Mas, na década de 1980, o preço do petróleo despencou e abandonamos várias dessas iniciativas — até os preços começarem a subir novamente na década de 2000, desencadeando uma nova onda de investimentos e regulamentações. Como resultado desses e de outros esforços, em 2019 os Estados Unidos exportaram mais energia do que importaram pela primeira vez em quase setenta anos.[1]

Recuperação econômica. Após a grande recessão de 2008, os governos criaram empregos e incentivaram investimentos injetando dinheiro na energia renovável, na eficiência energética, na infraestrutura elétrica e nas estradas de ferro. Em 2008, a China lançou um pacote de estímulo econômico de 584 bilhões de dólares, destinado em grande parte a diversos projetos sustentáveis. Em 2009, a Lei de Recuperação e Reinvestimento americana usou créditos fiscais, verbas federais, garantias de empréstimo e financiamento de pesquisa e desenvolvimento para reerguer a economia e reduzir as emissões. Foi o maior investimento em energia limpa e eficiência energética da história dos Estados Unidos, mas um caso isolado, não uma mudança permanente em nossas políticas.

Agora chegou a hora de usar nossa experiência em políticas públicas para o desafio do momento: zerar as emissões de gases de efeito estufa.

Os governos nacionais de todo o mundo precisarão articular uma visão de como a economia mundial fará a transição para o carbono zero. Essa diretriz, por sua vez, orientaria as ações de pessoas e negócios no mundo todo. Os integrantes dos governos devem criar normas que determinem quanto carbono as usinas, os carros e as fábricas poderão emitir. Podem adotar regulamentações que direcionem os recursos dos mercados financeiros e esclareçam os riscos das mudanças climáticas para os setores público e privado. Podem ser os investidores principais na pesquisa científica, como atualmente, e elaborar leis que determinem em quanto tempo os novos produtos estarão prontos para o mercado. E ajudar a consertar alguns problemas com que o mercado não está preparado para lidar — incluindo os custos indiretos que produtos emissores de carbono impõem ao meio ambiente e aos seres humanos.

Muitas dessas decisões são tomadas em nível nacional, mas governos estaduais e locais também têm um papel importante a desempenhar. Em muitos países, os governos de abrangência regional regulamentam os mercados de eletricidade e determinam padrões para uso de energia em edificações. Planejam imensos projetos de construção — represas, infraestrutura de transporte público, pontes, estradas — e escolhem onde os projetos serão construídos e com que materiais. Adquirem viaturas policiais e carros de bombeiros, merendas escolares e lâmpadas. A cada passo, alguém terá de decidir sobre alternativas verdes.

Pode parecer irônico que eu defenda uma maior intervenção governamental. Enquanto construía a Microsoft, eu fazia questão de manter distância dos políticos, tanto em Washington como no resto do mundo, considerando que representavam apenas um empecilho ao nosso trabalho.

Em parte, a ação antitruste do governo contra a Microsoft no fim da década de 1990 me fez perceber que eu deveria ter me envolvido mais desde o começo. Sei também que, quando se trata de empreitadas muito grandes — construir um sistema rodoviário nacional, a vacinação infantil no mundo, descarbonizar a economia global —, precisamos que o governo desempenhe um papel igualmente imenso para criar os incentivos certos e assegurar que esse sistema funcione para todos.

Claro que as empresas e os indivíduos também precisarão

fazer sua parte. Nos capítulos 11 e 12, proponho um plano para chegar a zero, com medidas específicas que o poder público, a iniciativa privada e os cidadãos podem tomar. Mas, como desempenharão um papel tão importante, primeiro quero sugerir sete metas principais a que todos os governos devem almejar.

1. Evitar lapsos de investimento

O primeiro forno de micro-ondas chegou ao mercado em 1955. Custava, em valores atualizados, quase 12 mil dólares. Hoje em dia você compra um de boa qualidade por cinquenta dólares.

Como o micro-ondas ficou tão barato? Porque logo de cara se tornou evidente que as pessoas iriam querer um aparelho capaz de esquentar a comida numa fração do tempo exigido por um forno convencional. As vendas de micro-ondas dispararam, impulsionando a concorrência, o que levou à produção de aparelhos cada vez mais baratos.

Quem dera o mercado da energia funcionasse da mesma forma. A eletricidade não é como um forno de micro-ondas, em que o melhor produto necessariamente vence a disputa. A luz da sua casa se acenderá sendo o elétron sujo ou limpo. Como resultado, sem alguma intervenção do governo — como um preço sobre o carbono, ou padrões que exijam um determinado volume de elétrons de carbono zero no mercado —, não há garantia de que a empresa que investe em enviar elétrons limpos conseguirá lucrar de verdade. E o risco é considerável, pois a energia é um setor altamente regulamentado e depende de grande aporte de capital.

Isso explica por que o setor privado sistematicamente investe menos do que o necessário em pesquisa e desenvolvimento em energia. As empresas do setor gastam em média apenas 0,3% de sua receita com essa busca por inovação. As indústrias eletrônica e farmacêutica, por sua vez, quase 10% e 13%, respectivamente.

Precisaremos de políticas públicas e financiamento governamental para corrigir esse lapso, dando atenção sobretudo às áreas em que é necessária a criação de novas tecnologias de carbono zero. Quando uma ideia está em estágio embrionário — quando não temos certeza se vai funcionar, e o sucesso talvez demore mais tempo do que os bancos ou as empresas de capital de risco estão dispostos a esperar —, as iniciativas e as verbas públicas, quando bem aplicadas, podem assegurar que seja explorada até atingir ou esgotar seu potencial. Talvez se trate de uma inovação extraordinária, mas também pode ser um furo n'água, portanto precisamos tolerar alguns inquestionáveis fracassos.

De um modo geral, o papel do governo é investir em pesquisa e desenvolvimento quando a iniciativa privada não o faz por não perceber como extrairá algum lucro. Quando fica claro que as empresas podem ganhar dinheiro, o setor privado assume. Na verdade, foi exatamente assim que obtivemos os produtos utilizados por você no seu dia a dia, incluindo a internet, os medicamentos essenciais e o GPS que seu celular usa para ajudá-lo a se deslocar pela cidade. O setor de computadores pessoais — inclusive a Microsoft — jamais teria sido o sucesso que foi se o governo dos Estados Unidos não houvesse injetado dinheiro em microprocessadores menores e mais rápidos.

Em alguns setores, como a tecnologia digital, o dinheiro público chega às empresas relativamente rápido. Com a energia limpa, leva muito mais tempo e exige ainda mais comprometimento financeiro por parte do governo, porque o trabalho científico e de engenharia consome muito tempo e dinheiro.

O investimento em pesquisa tem outro benefício: ajuda a criar empresas que podem gerar mais exportações. Se um país criasse, por exemplo, um eletrocombustível barato que suprisse o consumo doméstico e também pudesse ser exportado, o país importador, mesmo sem planos de cortar emissões, terminaria fazendo isso simplesmente porque alguém inventou um combustível melhor e mais barato.

Finalmente, embora a atividade de pesquisa e desenvolvimento tenha seus próprios benefícios, é mais eficaz quando aliada a incentivos pelo lado da demanda. Empresa nenhuma vai transformar em produto uma nova ideia publicada em um periódico científico se não estiver confiante de que encontrará compradores, sobretudo nos estágios iniciais, quando o produto ainda será caro.

2. Equilibrar o jogo

Como já cansei de afirmar (e você possivelmente já se cansou de ouvir), precisamos zerar os Prêmios Verdes. Podemos conseguir isso em parte com as inovações descritas nos capítulos 4 a 8 — barateando a produção de aço de emissões zero de carbono, por exemplo. Mas também poderíamos elevar o custo dos combustíveis fósseis, incorporando aos preços o prejuízo causado por eles.

Hoje em dia, o fabricante ou o consumidor não arca com nenhum custo extra pelas emissões de carbono dos produtos, embora isso imponha um custo bastante tangível à sociedade. É o que os economistas chamam de externalidade: um custo que recai sobre a sociedade, não sobre o indivíduo ou a empresa responsável por ele. Há várias maneiras, inclusive um imposto sobre carbono ou um programa de comércio de emissões, de assegurar que pelo menos alguns desses custos externos sejam assumidos por seus responsáveis.

Em resumo, podemos reduzir os Prêmios Verdes barateando produtos livres de carbono (o que exige inovações técnicas), encarecendo produtos emissores de carbono (o que envolve inovações em políticas públicas) ou fazendo um pouco de cada. A ideia não é punir as pessoas por suas emissões de gases de efeito estufa, e sim oferecer um incentivo para que sejam criadas alternativas competitivas, mas livres de carbono. Aumentando progressivamente o preço do carbono para refletir seu verdadeiro custo, os governos podem incentivar produtores e consumidores a tomar decisões mais eficientes e estimular a inovação para reduzir os Prêmios Verdes. Suas chances de inventar um novo tipo de eletrocombustível são bem maiores se você sabe que não terá a concorrência desleal de uma gasolina aparentemente barata, mas que na verdade esconde um custo altíssimo.

3. Superar barreiras não relacionadas ao mercado

Por que os proprietários de residências relutam em abandonar seus sistemas de aquecimento a combustível fóssil em prol de opções elétricas de baixas emissões? Como não conhecem as alternativas, não há vendedores e instaladores qualificados em quantidade suficiente para fornecê-las, e em alguns lugares elas não foram nem legalizadas.

Por que os locadores não modernizam seus imóveis com equipamentos mais eficientes? Porque repassam a conta de energia para os inquilinos, que normalmente não têm permissão para fazer esse tipo de reforma e, de qualquer modo, provavelmente não morarão na casa por tempo suficiente para colher seus frutos de longo prazo. Nenhuma dessas barreiras, como você pode ver, tem muito a ver com custos. Elas existem sobretudo devido à falta de informações, de pessoal capacitado ou de incentivos — áreas em que as políticas públicas corretas podem fazer uma grande diferença.

4. Manter-se atualizado

Às vezes, a maior barreira não é a conscientização do consumidor nem o sistema de livre mercado. São as próprias políticas públicas que dificultam a descarbonização.

Por exemplo, se você quer usar concreto em um prédio, as normas de construção especificam nos mínimos detalhes o desempenho esperado do material — sua resistência, quanto peso pode suportar e assim por diante. Podem definir até a composição química exata do concreto a ser utilizado. Esses padrões normalmente excluem o cimento de baixas emissões que você quer usar, mesmo que atenda a todos os padrões de desempenho.

Ninguém quer ver edifícios e pontes desabando por uso de concreto defeituoso. Mas podemos assegurar que os padrões reflitam os avanços mais recentes em tecnologia, bem como a urgência de chegarmos a zero.

5. Planejar uma transição justa

Essa mudança imensa para uma economia neutra em carbono está destinada a produzir vencedores e derrotados. Estados americanos cujas economias são dependentes da extração de combustíveis fósseis — Texas e Dakota do Norte, por exemplo — precisarão criar empregos tão bem remunerados quanto os que foram perdidos e terão de repor a receita fiscal que atualmente financia escolas, rodovias e outros serviços essenciais. O mesmo acontecerá com estados pecuaristas como Nebraska, se as carnes artificiais tomarem o lugar das convencionais. E pessoas de baixa renda, que já gastam uma parcela significativa do que ganham com energia, serão as mais oneradas pelos Prêmios Verdes.

Quem dera houvesse respostas fáceis para esses problemas.

Com certeza existem comunidades onde os empregos bem remunerados no setor de combustíveis fósseis darão lugar naturalmente a, digamos, empregos na indústria de energia solar. Mas muitas outras terão de passar por uma transição difícil para alguma atividade que não seja a extração de combustíveis fósseis. Como as soluções vão variar de um lugar para outro, serão necessários ajustes conduzidos pelas instâncias de governo locais. Mas o governo federal pode ajudar — como parte de um plano abrangente para chegar a zero — fornecendo verbas e consultoria técnica e conectando as comunidades que vivenciam problemas similares no país, de modo a poderem compartilhar soluções.

Por fim, nas comunidades onde a extração de carvão ou gás natural é parte importante da economia local, é compreensível que as pessoas se preocupem com as dificuldades ainda maiores que a transição pode trazer a sua subsistência. O fato de manifestarem essas preocupações não as torna negacionistas das mudanças climáticas. Ninguém precisa ser cientista político para acreditar que governantes nacionais que defendem o carbono zero encontrarão mais apoio para suas ideias se compreenderem as preocupações das famílias e comunidades cujo meio de vida será duramente atingido, e se as levarem a sério.

6. Fazer também a parte difícil

Boa parte do trabalho relacionado às mudanças climáticas está concentrada em modos relativamente fáceis de reduzir as emissões — como andar de carro elétrico e usar mais energia solar e eólica. Isso faz sentido, porque progressos e sucessos iniciais ajudam a conquistar mais adeptos. E isso é importante: como estamos longe de realizar essa parte menos complexa na escala necessária, há imensas oportunidades para grandes progressos desde já.

Mas não podemos nos limitar às medidas óbvias. Agora que o movimento para lidar com as mudanças climáticas começa a ganhar força, temos de nos voltar também às questões complicadas: o armazenamento de energia, os combustíveis, o cimento, o aço, os fertilizantes limpos etc. E isso exigirá uma abordagem diferente em termos de elaboração de políticas públicas. Além de empregar as ferramentas disponíveis, precisaremos investir mais em pesquisa e desenvolvimento nessas áreas mais difíceis e — como grande parte é fundamental para nossa infraestrutura física, por exemplo vias públicas e prédios — usar as políticas especialmente criadas para produzir essas inovações e disponibilizá-las no mercado.

7. Trabalhar simultaneamente na tecnologia, nas políticas e nos mercados

Além da tecnologia e das políticas públicas, há um terceiro aspecto que precisamos considerar: as empresas que desenvolvem inovações e asseguram seu alcance global, bem como os investidores e instituições financeiras que dão respaldo a essas companhias. Na falta de termo melhor, chamarei esse grupo genericamente de "mercados".

Mercados, tecnologia e políticas públicas são como três alavancas que precisamos acionar para nos desvencilharmos dos combustíveis fósseis. Temos de empurrar as três ao mesmo tempo e na mesma direção.

Simplesmente implementar alguma política — digamos, padrões de emissão zero para carros — não fará grande diferença se não tivermos a tecnologia para eliminar as emissões ou se não houver uma empresa disposta a fabricar e vender carros dentro dos padrões. Por outro lado, uma tecnologia de baixas emissões — digamos, um dispositivo que capture carbono dos exaustores de uma termelétrica a carvão — não ajudará muito se não criarmos incentivos financeiros para as companhias energéticas o instalarem. E poucas empresas apostarão na invenção de tecnologia de emissões zero se a concorrência levar a melhor vendendo produtos à base de combustíveis fósseis.

É por isso que os mercados, as políticas públicas e a tecnologia precisam ser complementares. As iniciativas políticas, como gastos maiores com pesquisa e desenvolvimento, podem originar novas tecnologias e acionar os mecanismos de mercado para chegarem a milhões de pessoas. Mas também funcionam no sentido inverso: as ações governamentais deveriam ser igualmente moldadas pelas tecnologias que forem desenvolvidas; se, por exemplo, inventarmos um combustível líquido revolucionário, as ações do setor público se concentrariam em criar estratégias de investimento e financiamento para fazer com que ele se disseminasse em escala global, e não teríamos de nos preocupar tanto com, digamos, encontrar novas formas de armazenar energia.

Darei alguns exemplos do que acontece quando as três coisas trabalham juntas, e também da situação contrária.

Para compreender o efeito das políticas que não acompanham a tecnologia, observemos a indústria da energia nuclear. Trata-se da única fonte energética livre de carbono que podemos usar quase constantemente. Um punhado de empresas, incluindo a TerraPower, está trabalhando em reatores avançados para resolver os problemas do projeto de cinquenta anos atrás usado pelos reatores que vemos hoje: a nova configuração é mais segura, mais barata e gera bem menos resíduos. Mas, sem medidas governamentais e as intervenções adequadas nos mercados, o trabalho científico e de engenharia desses reatores avançados não dará em nada.

Nenhuma usina nuclear avançada será construída a menos que seu projeto seja aprovado, as redes de fornecimento sejam instaladas e um projeto-piloto seja construído para demonstrar a eficácia da nova iniciativa. É uma pena que, com algumas poucas exceções, como China e Rússia — que investem diretamente em empresas nucleares avançadas apoiadas pelo Estado —, fazer tudo isso é impraticável para a maioria dos países. Ajudaria se alguns governos estivessem dispostos a investir nelas para ajudar a fazer os projetos-piloto funcionarem — como o governo dos Estados Unidos fez recentemente. Sei que pode parecer que estou puxando a brasa para minha sardinha, considerando que sou dono de uma empresa de tecnologia nuclear avançada, mas é a única maneira de termos uma chance de usar esse tipo de energia no combate às mudanças climáticas.

O exemplo dos biocombustíveis apresenta um desafio diferente: assegurar que se saiba qual é o problema que tentamos resolver e assim ajustar nossas políticas públicas.

Em 2005, atento à alta dos preços do petróleo e com o objetivo de diminuir as importações, o Congresso dos Estados Unidos aprovou o Padrão do Combustível Renovável, que determinava metas para o uso de biocombustíveis no país em anos futuros. A mera aprovação dessa legislação serviu para mandar um recado veemente à indústria do transporte, que investiu pesado na tecnologia de biocombustível existente na época — o etanol à base de milho. Esse combustível já competia em certa medida com a gasolina, porque os preços dos derivados do petróleo estavam subindo e os produtores de etanol se beneficiavam havia décadas de crédito fiscal.

A iniciativa funcionou. A produção de etanol rapidamente excedeu as metas estabelecidas pelo Congresso; hoje, um galão de gasolina nos Estados Unidos pode conter até 10% de etanol.

Então, em 2007, o Congresso tentou usar os biocombustíveis para solucionar um problema diferente. A preocupação não eram apenas os preços do petróleo, mas também as mudanças climáticas. O governo elevou as metas de produção e exigiu que cerca de 60% de todos os biocombustíveis vendidos nos Estados Unidos fossem feitos a partir de outros amidos que não o milho. (Biocombustíveis feitos dessa forma reduzem as emissões três vezes mais do que os convencionais.) As refinarias rapidamente cumpriram a meta para os biocombustíveis convencionais à base de milho, mas as alternativas avançadas ficaram muito aquém.

Por quê? Em parte porque a ciência dos biocombustíveis avançados é muito difícil. E os preços do petróleo permaneceram relativamente baixos, o que dificultou a justificativa para maiores investimentos em uma alternativa que será mais cara. Mas um importante motivo é que as empresas que poderiam produzir esses biocombustíveis, e os investidores que poderiam financiá-las, não sentem a menor segurança em relação ao mercado.

O poder executivo prevê déficits na oferta de biocombustíveis avançados, então vai baixando as metas. Em 2017, ela foi reduzida de 5,5 bilhões de galões para 331 milhões. E, às vezes, as novas metas demoram tanto para ser anunciadas que os produtores ficam sem nenhuma expectativa de vendas. É um círculo vicioso: o governo diminui a cota porque espera um déficit, enquanto os déficits continuam ocorrendo porque o governo segue baixando a cota.

A lição aqui é que os responsáveis pelas políticas públicas precisam ter clareza sobre a meta que querem alcançar e estar cientes das tecnologias que tentam promover. Determinar uma meta de uso de biocombustíveis foi uma boa maneira de reduzir a quantidade de petróleo que os Estados Unidos importavam, pois já havia uma tecnologia existente — o etanol de milho — para atender à demanda. A iniciativa induziu a inovação, o desenvolvimento do mercado e a produção em larga escala. Mas determinar uma meta de biocombustíveis não foi uma maneira particularmente eficaz de baixar as emissões, porque os formuladores de políticas públicas não levaram em conta o fato de que a tecnologia adequada — biocombustíveis avançados — continua em estágios iniciais e não passou a segurança de que o mercado precisa para desenvolvê-la.

Agora vejamos uma história de sucesso em que as políticas públicas, a tecnologia e os mercados trabalharam muito melhor juntos. Desde a década de 1970, Japão, Estados Unidos e União Europeia começaram a financiar pesquisas para gerar eletricidade a partir da luz do sol. No início da década de 1990, essa tecnologia havia sido aprimorada de tal forma que mais empresas se capacitaram a fabricar painéis solares, mas esse tipo de energia ainda não era amplamente difundido.

A Alemanha deu novo ímpeto ao mercado oferecendo empréstimos a juros baixos para instalar painéis e pagando uma *feed-in tariff* — um valor fixo pago pelo governo por unidade de eletricidade gerada de fontes renováveis — para quem produzisse energia solar excedente.[2] Então, em 2011, os Estados Unidos ofereceram garantias de empréstimo para financiar as cinco maiores fazendas solares no país.[3] A China vem se destacando pelos modos engenhosos que encontra para produzir painéis solares mais baratos. Graças a toda essa inovação, o preço da eletricidade gerada pela luz solar caiu 90% desde 2009.

A energia eólica é outro bom exemplo. Na última década, a capacidade eólica instalada cresceu em média 20% ao ano, e as turbinas de vento hoje fornecem cerca de 5% da eletricidade consumida no mundo. A evolução da energia eólica tem um motivo bem simples: está cada vez mais barata. A China, que responde por uma parcela grande e crescente da energia eólica mundial, afirmou que em breve deixará de subsidiar projetos de geração desse tipo de eletricidade em terra porque a eletricidade produzida será tão barata quanto a energia de fontes convencionais.

Para compreender como chegamos a esse ponto, vejamos a Dinamarca. Em meio à crise do petróleo da década de 1970, o governo dinamarquês implementou uma série de políticas públicas com vistas a promover a energia eólica e importar menos petróleo. Entre outras coisas, uma grande verba foi alocada em pesquisa e desenvolvimento de energias renováveis. Nisso, os dinamarqueses não estavam sós (mais ou menos na mesma época, os Estados Unidos começaram a construir turbinas de vento para utilização em larga escala em Ohio), mas eles fizeram algo incomum. Aliaram seu apoio ao setor de pesquisa e desenvolvimento a uma *feed-in tariff* e, posteriormente, um imposto sobre o carbono.

Com países como a Espanha fazendo o mesmo, a indústria eólica começou a progredir mais depressa. As empresas passaram a ter incentivo para desenvolver rotores maiores e maquinário com maior capacidade, de modo que cada turbina produzisse mais energia, e começaram a vender mais unidades. Com o tempo, o custo de uma turbina eólica caiu drasticamente, assim como o custo da eletricidade eólica: na Dinamarca, caiu pela metade entre 1987 e 2001. Hoje, o país extrai cerca de metade da sua eletricidade do vento terrestre e marítimo, e é o maior exportador de turbinas eólicas do mundo.

Para deixar bem claro: o mais importante aqui não é que a luz solar e o vento sejam a solução definitiva para todas as nossas necessidades relacionadas à energia elétrica. (São duas respostas para algumas delas, como indica o capítulo 4.) A questão é que, ao nos concentrarmos nas três coisas ao mesmo tempo — tecnologia, políticas públicas e mercados —, podemos abrir espaço para a inovação, incentivar a criação de novas empresas e levar novos produtos ao mercado rapidamente.

A Dinamarca ajudou a abrir caminho para uma energia eólica mais acessível. Estas turbinas ficam na ilha de Samsø.

Qualquer plano para combater as mudanças climáticas precisa levar em conta como esses três fatores trabalham juntos. No capítulo seguinte, vou propor um que faz exatamente isso.

11. Um plano para chegar a zero

Quando estava em Paris em 2015 para a conferência do clima, foi impossível não me perguntar: será que vamos conseguir mesmo fazer isso?

Era inspirador ver governantes do mundo todo reunidos defendendo metas para o clima ao mesmo tempo que quase todas as nações se comprometiam a cortar as emissões. Mas depois, quando as pesquisas mostraram que as mudanças climáticas continuavam a ser um assunto político periférico (quando muito), comecei a temer que talvez nunca conseguíssemos a determinação necessária para a realização dessa tarefa tão difícil.

Fico feliz em dizer que o interesse público pelo aquecimento global aumentou muito mais do que imaginei. Em anos recentes, o debate internacional sobre as mudanças climáticas deu uma extraordinária guinada para melhor. A vontade política cresce em todos os níveis, à medida que os eleitores no mundo todo exigem ações, e os governos municipais e estaduais se comprometem a fazer reduções drásticas para colaborar para suas metas nacionais (ou, como nos Estados Unidos, criar suas próprias).

Agora precisamos aliar esses números a planos específicos para atingi-las — como nos primeiros tempos da Microsoft, quando Paul Allen e eu estabelecemos uma meta ("um computador em cada mesa de trabalho e em cada casa", como dizíamos) e passamos a década seguinte montando e executando um plano para cumpri-la. As pessoas achavam que éramos loucos por sonhar tão alto, mas um desafio como esse não é nada comparado ao de lidar com as mudanças climáticas, uma empreitada gigantesca que envolverá pessoas e instituições no mundo todo.

O capítulo 10 tratou da função que o poder público desempenha para conquistarmos esse objetivo. Neste capítulo, vou propor um plano para evitar o desastre climático me concentrando nas medidas específicas que governantes e legisladores podem tomar. (Mais detalhes sobre cada tópico abaixo em <breakthroughenergy.org>.) No próximo capítulo, detalharei o que podemos fazer como cidadãos para apoiar esse plano.

Em que momento temos de chegar a zero? A ciência nos diz que, para evitar a catástrofe climática, os países ricos devem zerar as emissões líquidas até 2050. Você já deve ter escutado alguém dizer que podemos descarbonizar o planeta antes disso — em 2030.

Infelizmente, pelos motivos apresentados neste livro, 2030 não é uma data realista. Considerando o papel fundamental dos combustíveis fósseis em nossas vidas, é impossível pararmos de usá-los na atual escala em uma década.

O que podemos — e *precisamos* fazer — nos próximos dez anos é adotar as políticas que nos colocarão no rumo de uma intensa descarbonização até 2050.

Essa é uma distinção crucial, embora não seja imediatamente óbvia. Na verdade, pode parecer que "reduzir até 2030" e "chegar a zero até 2050" sejam complementares. Afinal, 2030 não é uma etapa para 2050?

Não necessariamente. Fazer as reduções até 2030 da maneira equivocada pode na verdade *impedir* que algum dia cheguemos a zero.

Por quê? Porque as coisas que faríamos para obter pequenas reduções até 2030 são radicalmente distintas do que precisaríamos fazer para zerar em 2050. São na verdade dois caminhos diferentes, com diferentes medidas de sucesso, e temos de escolher entre um e outro. É ótimo criar metas para 2030, desde que elas sejam um marco a ser ultrapassado até chegar às emissões zero em 2050.

Eis o motivo. Se nos comprometermos a reduzir as emissões apenas um pouco até 2030, ficaremos concentrados nos esforços que nos conduzirão a essa meta — mesmo que isso dificulte, ou impossibilite, o objetivo final de chegar a zero.

Por exemplo, se "reduzir até 2030" é o único parâmetro do sucesso, seria tentador substituir as termelétricas a carvão por usinas a gás; afinal, isso reduziria nossas emissões de dióxido de carbono. Mas as termelétricas a gás construídas entre hoje e 2030 continuarão funcionando em 2050 — elas precisam operar por décadas para compensarem o custo de sua construção —, e usinas a gás natural ainda produzem gases de efeito estufa. Atenderíamos à meta de "reduzir até 2030", mas com poucas esperanças de algum dia zerar as emissões.

Por outro lado, se "reduzir até 2030" for um marco a ser alcançado ao longo do caminho para o "zero até 2050", faz pouco sentido gastar muito tempo ou dinheiro com a troca de carvão por gás. Em vez disso, seria melhor adotar duas estratégias simultaneamente: primeiro, fazer o máximo para fornecer eletricidade de carbono zero barata e confiável; segundo, eletrificar o máximo possível — de veículos a processos industriais e bombas de calor, mesmo em lugares que hoje dependem dos combustíveis fósseis para obtenção de eletricidade.

Se nós dermos muita importância a "reduzir até 2030", então essa abordagem será um fracasso, uma vez que poderia levar apenas a reduções ínfimas em uma década. Mas seria um preparativo para o sucesso no longo prazo. A cada grande avanço em geração, armazenamento e fornecimento de eletricidade limpa, chegaríamos mais próximo de zero.

Portanto, se você quer um parâmetro para saber que países de fato progrediram no combate às mudanças climáticas, não olhe simplesmente para os que estão reduzindo suas emissões. Olhe para os países que estão se preparando para chegar a zero. Suas emissões podem não mudar muito agora, mas eles merecem o crédito por estar no rumo certo.

Concordo com os defensores de 2030 em uma coisa: trata-se de um trabalho urgente. Estamos no mesmo ponto hoje com as mudanças climáticas em que estávamos anos atrás com as pandemias. Os especialistas em saúde nos diziam que uma grande pandemia era basicamente inevitável. A despeito das advertências, o mundo não fez o bastante para se preparar — e então de repente teve de correr atrás do tempo perdido. Não deveríamos cometer o mesmo erro com as mudanças climáticas. Uma vez que precisaremos desses grandes avanços antes de 2050, e que sabemos mais ou menos quanto tempo leva para desenvolver e produzir novas fontes de energia, precisamos começar já. Se fizermos isso, recorrendo ao poder da ciência e da inovação e nos certificando de que as soluções funcionem para os mais pobres, podemos evitar em relação às mudanças climáticas o mesmo despreparo que demonstramos no enfrentamento da pandemia. Este plano nos põe nessa direção.

INOVAÇÕES E A LEI DA OFERTA E DA PROCURA

Como argumentei no início — e como espero que tenha ficado claro em todos os capítulos até aqui — qualquer plano abrangente para a mudança climática tem de recorrer a muitos campos de estudo diferentes. A ciência climática nos diz *por que* precisamos resolver esse problema, mas não *como* lidar com ele. Para isso, precisaremos da biologia, da química, da física, da ciência política, da economia, da engenharia e de outras ciências. Não que todo mundo tenha de compreender cada uma dessas áreas, assim como Paul e eu não éramos especialistas em marketing, em parcerias com empresas ou em trabalhar com governos quando começamos. Assim como a Microsoft em seus primeiros tempos, aquilo de que precisamos agora para lidar com as mudanças climáticas é uma abordagem que permita que essas muitas disciplinas diferentes nos ponham na direção certa.

No setor de energia, software ou praticamente qualquer outro, é um equívoco pensar na inovação apenas no sentido estrito, tecnológico. Inovar não é apenas questão de inventar uma nova máquina ou um novo processo; também significa pensar em novas soluções para modelos de negócios, redes de fornecimento, mercados e políticas públicas que ajudem as invenções a virar realidade e a se difundir pelo mundo. Inovação se refere tanto a novos dispositivos como a novas maneiras de fazer as coisas.

Tendo isso em mente, dividi os diferentes componentes de meu plano em duas categorias. Elas soarão familiares para quem conhece o bê-a-bá da economia: uma está voltada a expandir a *oferta* de inovações — o número de novas ideias que são testadas — e a outra, a acelerar a *procura* por inovações. As duas funcionam de mãos dadas, uma influenciando a outra. Sem a procura por inovação, os inventores e os elaboradores de políticas públicas não terão incentivo para produzir novas ideias; sem uma oferta regular de inovações, o consumidor não terá os produtos verdes de que o mundo precisa para chegar a zero.

Percebo que isso pode soar como teoria de escola de negócios, mas na verdade é bastante prático. O modo como a Fundação Gates espera salvar vidas baseia-se na ideia de que precisamos disseminar a inovação entre os pobres conforme aumentamos a procura por ela. E, na Microsoft, criamos um grupo numeroso que não fazia outra coisa além de pesquisa, algo de que me orgulho até hoje. Na prática, o trabalho desse grupo é aumentar a oferta de inovações. Também passamos muito tempo escutando o cliente, que nos contava o que esperava do software; esse é o lado da procura da inovação, e nos proporcionava informações cruciais para orientar nossos esforços de pesquisa.

EXPANDINDO A OFERTA DE INOVAÇÃO

O trabalho nessa primeira fase é o clássico processo de pesquisa e desenvolvimento, em que grandes cientistas e engenheiros concebem as tecnologias de que precisamos. Embora haja uma série de soluções de baixo carbono a preços competitivos hoje, ainda não dispomos de todas as tecnologias necessárias para chegar a emissões zero globalmente. Mencionei as mais importantes nos capítulos 4 a 9; aqui está a lista outra vez, para uma referência rápida (podemos incluir as palavra "barata o bastante para países de renda média comprarem" em cada item da lista):

- Hidrogênio produzido sem emissão de carbono
- Armazenamento de eletricidade em escala de rede capaz de durar uma estação do ano inteira
- Eletrocombustíveis
- Biocombustíveis avançados
- Cimento de carbono zero
- Aço de carbono zero
- Carne e laticínios derivados de vegetais e células-tronco
- Fertilizantes de carbono zero
- Fissão nuclear de última geração
- Fusão nuclear
- Captura de carbono (tanto direto do ar como no local de emissão)
- Transmissão de eletricidade subterrânea
- Plásticos de carbono zero
- Energia geotérmica
- Hidrelétrica reversível
- Armazenamento termal
- Cultivos tolerantes a secas e inundações
- Alternativas de carbono zero para o óleo de palma
- Fluidos refrigerantes sem gases fluorados

Para que essas tecnologias estejam disponíveis a tempo de fazer a diferença, os governos precisam tomar a seguintes providências:

1. Quintuplicar a energia limpa e a área de pesquisa e desenvolvimento relacionada ao clima durante a próxima década. O investimento público direto em pesquisa e desenvolvimento é uma das coisas mais importantes que podemos fazer para combater as mudanças climáticas, mas o orçamento dos governos para o desenvolvimento de novas tecnologias não chega nem perto do necessário. No total, o financiamento público para o setor de pesquisa e desenvolvimento em energia limpa corresponde a cerca de 22 bilhões de dólares anuais, apenas 0,02% da economia mundial. Os americanos gastam mais do que isso com gasolina em apenas um mês. Os Estados Unidos, que são de longe o maior investidor na pesquisa em energia limpa, destinam a essa atividade apenas cerca de 7 bilhões de dólares por ano.

Quanto deveríamos gastar? Acredito que os Institutos Nacionais de Saúde (NIH, na sigla em inglês) são uma boa comparação. Com orçamento de cerca de 37 bilhões de dólares por ano, os NIH desenvolveram medicamentos e tratamentos essenciais dos quais os americanos — e pessoas no mundo todo — dependem em seu dia a dia. É um excelente modelo, e um exemplo da ambição exigida para as mudanças climáticas. E, embora quintuplicar um orçamento de pesquisa e desenvolvimento soe como uma montanha de dinheiro, não é nada comparado ao tamanho do desafio — além de ser um poderoso indicador de que o governo leva ou não o problema a sério.

2. Apostar mais em projetos de pesquisa e desenvolvimento com risco e recompensa elevados. Não é só questão de quanto os governos gastam. Como as verbas são direcionadas também faz diferença.

Alguns governos já tiveram muito prejuízo investindo em energia limpa antes (se precisa de um refresco para a memória, dê uma espiada no "escândalo da Solyndra"), e nossos representantes compreensivelmente não querem transmitir a impressão de que estão desperdiçando o dinheiro do contribuinte. Mas esse medo do fracasso torna míopes os responsáveis pelas políticas públicas em pesquisa e desenvolvimento. Eles tendem a buscar investimentos mais seguros que poderiam e deveriam ser financiados pelo setor privado. O verdadeiro valor da liderança do poder público na área de pesquisa e desenvolvimento é que o governo pode correr riscos com ideias ousadas que talvez fracassem ou não compensem no prazo imediato. Isso é verdade sobretudo para empreendimentos científicos que permanecem arriscados demais para o setor privado pelos motivos expostos no capítulo 10.

Para ver o que acontece quando os governos apostam alto do jeito certo, considere o Projeto Genoma Humano. Criado para fazer o mapeamento completo dos genes humanos e disponibilizar publicamente os resultados, foi uma pesquisa crucial chefiada pelo Departamento de Energia dos Estados Unidos e pelos Institutos Nacionais de Saúde, com parcerias no Reino Unido, na França, na Alemanha, no Japão e na China. O projeto se estendeu por treze anos e custou bilhões de dólares, mas iluminou o caminho para novos testes ou tratamentos de dezenas de problemas genéticos, incluindo câncer de cólon hereditário, doença de Alzheimer e câncer de mama familiar.[1] Um estudo independente do Projeto Genoma Humano revelou que cada dólar investido pelo governo federal no projeto gerou 141 dólares de retorno para a economia americana.[2]

Por esse mesmo motivo, precisamos de governos comprometidos em financiar projetos de enorme escala (na faixa de centenas de milhões ou bilhões de dólares) que sejam capazes de fazer a ciência da energia limpa avançar — sobretudo nas áreas listadas acima. E o poder público tem de se comprometer a um financiamento de longo prazo, para os pesquisadores saberem que poderão contar com um apoio constante por vários anos.

3. Aliar pesquisa e desenvolvimento a nossas maiores necessidades. Há uma distinção prática entre a pesquisa de conceitos científicos novos (também chamada de pesquisa básica) e a tentativa de encontrar utilidade para uma descoberta científica (ou seja, a pesquisa aplicada). Embora sejam coisas diferentes, é um erro pensar — como fazem alguns puristas — que a ciência básica não deveria sujar as mãos se ocupando de como produzir algo útil do ponto de vista comercial. Algumas das melhores invenções surgiram quando os cientistas iniciaram sua pesquisa já pensando num uso final para ela; o trabalho de Louis Pasteur em microbiologia, por exemplo, levou às vacinas e à pasteurização. Precisamos de mais programas governamentais para integrar a pesquisa básica e aplicada às áreas em que as inovações são mais necessárias.

A Iniciativa SunShot, do Departamento de Energia dos Estados Unidos, é um bom exemplo de como isso funciona. Em 2011, os diretores do programa determinaram como meta derrubar o custo da energia solar para seis centavos de dólar por quilowatt-hora em uma década. Eles se concentraram na pesquisa e no desenvolvimento em estágio inicial, mas também deram incentivos para que empresas privadas, universidades e laboratórios nacionais tentassem baixar os custos, remover entraves burocráticos e baratear o financiamento de sistemas de energia solar. Graças a essa abordagem integrada, a SunShot cumpriu sua meta em 2017, três anos antes do prazo.

4. Trabalhar em parceria com a indústria desde o começo. Outra distinção enganosa com que me deparei é a ideia de que a inovação em estágio inicial cabe aos governos, e a inovação em estágio posterior, às indústrias. Não é assim que funciona na prática — especialmente quando envolve o tipo de desafios técnicos difíceis que encontramos no setor de energia, em que a medida de sucesso mais importante para qualquer ideia é a capacidade de atingir escala nacional ou mesmo global. As parcerias num estágio inicial atrairão as pessoas que sabem como fazer isso. O poder público e a indústria precisarão trabalhar juntos para superar barreiras e acelerar o ciclo de inovação. As empresas podem colaborar com a criação de protótipos de novas tecnologias, com a avaliação mercadológica e com investimentos financeiros em projetos. E, claro, são elas que comercializarão a tecnologia, então faz sentido trabalhar lado a lado desde cedo.

ACELERANDO A PROCURA POR INOVAÇÃO

O lado da procura é um pouco mais complicado que o da oferta. Na verdade, envolve duas fases: testes e produção em larga escala.

Após determinada inovação ser testada em laboratório, precisa ser comprovada no mercado. No mundo da tecnologia, essa fase de teste é rápida e barata; não demora muito para demonstrar se um novo modelo de celular funciona e tem apelo aos consumidores. Mas, no setor de energia, isso é bem mais difícil e custoso.

Temos de descobrir se a ideia que funcionou no laboratório continua funcionando sob condições reais. (Por exemplo, o resíduo agrícola que você quer transformar em biocombustível talvez seja muito mais úmido do que o material usado no laboratório e portanto não produz tanta energia quanto previsto.) Também precisamos baixar o custo e os riscos para a adoção inicial, desenvolver redes de fornecedores, testar o modelo de negócios e ajudar o consumidor a ficar à vontade com a nova tecnologia. Algumas ideias em fase de testes hoje incluem cimento de baixo carbono, fissão nuclear de última geração, captura e sequestro de carbono, energia eólica offshore, etanol celulósico (um tipo de biocombustível avançado) e alternativas à carne.

A fase de testes é um vale da morte, um lugar onde boas ideias entram para nunca mais voltar. Muitas vezes, os riscos de pôr novos produtos à prova e introduzi-los no mercado são simplesmente grandes demais. Os investidores se assustam. Isso é verdade sobretudo para as tecnologias de baixo carbono, que podem exigir muito capital logo de início e uma substancial mudança de comportamento do consumidor.

Os governos (assim como as grandes empresas) podem ajudar as startups de energia a sobreviver porque são grandes consumidores. Se priorizarem as compras verdes, ajudarão a disponibilizar mais produtos no mercado, gerando confiança e reduzindo custos. Eis o que qualquer governo deve fazer:

Aproveitar seu poder de compra. Em todos os níveis — nacional, estadual e local —, o governo adquire enormes quantidades de combustível, cimento e aço. Executa diversos tipos de obra, opera aviões, caminhões e carros e consome eletricidade na casa dos gigawatts. Isso o deixa em posição ideal para levar tecnologias emergentes ao mercado a um custo relativamente baixo — em especial se considerarmos os benefícios sociais de produzir essas tecnologias em larga escala. Os ministérios de defesa nacionais podem se comprometer a comprar combustíveis líquidos de baixo carbono para aviões e navios. Os governos estaduais podem usar cimento e aço de baixas emissões em projetos de construção. As companhias energéticas podem investir em armazenamento de longa duração.

Qualquer funcionário público responsável por decisões de compra deveria ter um incentivo para buscar produtos mais sustentáveis, compreendendo como calcular o custo das externalidades de que falamos no capítulo 10.

A propósito, essa não é uma ideia particularmente nova. Foi assim que a internet decolou nos primeiros tempos: havia financiamento público para pesquisa e desenvolvimento, claro, mas também um comprador comprometido — o governo americano — à espera na outra ponta.

Criar incentivos que baixem os custos e reduzam o risco. Além das aquisições que realizam, os governos podem incentivar o setor privado a optar pelo verde de várias maneiras. Créditos fiscais, garantias de empréstimo e outras ferramentas ajudam a reduzir os Prêmios Verdes e impulsionam a procura por novas tecnologias. Como muitos desses produtos continuarão caros ainda por algum tempo, os eventuais compradores precisarão do acesso a financiamento de longo prazo, além da confiança que vem como consequência de políticas públicas consistentes e de longo prazo.

Os governos podem exercer um papel crucial adotando políticas de carbono zero e abrindo caminho para os mercados atraírem dinheiro para esses projetos. Alguns princípios: as políticas governamentais devem ser *tecnologicamente neutras* (beneficiando todas as soluções que reduzem emissões, não apenas as de sua preferência), *previsíveis* (em vez de expirarem de tempos em tempos e depois serem estendidas, como acontece hoje com tanta frequência) e *flexíveis* (de modo que muitas empresas e investidores diferentes possam tirar proveito delas, não apenas quem paga impostos federais elevados).

Construir a infraestrutura que trará as novas tecnologias ao mercado. Nem as tecnologias de baixo carbono competitivas em termos de custo conseguirão conquistar uma fatia do mercado se não houver uma infraestrutura instalada para distribuí-la, antes de mais nada. Os governos em suas várias instâncias precisam ajudar a construir todo esse aparato. Isso inclui linhas de transmissão para energia eólica e solar, estações de recarga para veículos elétricos e oleodutos para o dióxido de carbono e o hidrogênio capturados.

Mudar a regulamentação de modo que as novas tecnologias sejam competitivas. Quando a infraestrutura estiver construída, precisaremos de novas regras de mercado que proporcionem competitividade às novas tecnologias. Os mercados de eletricidade projetados em função das tecnologias do século XX muitas vezes deixam as tecnologias do século XXI em desvantagem. Por exemplo, na maioria dos sistemas de distribuição, os serviços de energia que investiram em armazenamento de longa duração não são adequadamente compensados pelo valor que fornecem à rede. Os parâmetros legais em vigor dificultam o uso de biocombustíveis mais avançados em carros e caminhões. E, como mencionei no capítulo 10, algumas novas modalidades de concreto de baixo carbono não são competitivas devido a regulamentações obsoletas.

Depois vem a fase de ganho de escala — da adoção rápida e amplamente disseminada de uma ideia nova. Só alcançamos esse estágio quando o custo é acessível, as redes de fornecimento e os modelos de negócios estão bem desenvolvidos e o consumidor deu mostras de que comprará o que está sendo vendido. A fazenda eólica em terra, a energia solar e os veículos elétricos estão todos nessa fase de crescimento.

Mas ganhar escala não será fácil. Precisamos mais do que triplicar a quantidade de energia em apenas algumas décadas, com a maioria dos novos elétrons vindo de fazendas eólicas e solares e de outras formas de energia limpa. Temos de adotar veículos elétricos com a mesma rapidez com que adquirimos secadoras de roupas e tevês coloridas quando chegaram ao mercado. Temos de transformar o modo como fabricamos e cultivamos coisas, sem deixar de abrir estradas, erguer pontes, produzir alimentos e as coisas de que todos dependem.

Por sorte, como mencionei no capítulo 10, temos alguma experiência com a difusão em larga escala de tecnologias emergentes. Levamos eletrificação à zona rural e expandimos a produção nacional de combustíveis fósseis aliando as políticas públicas à inovação. Algumas dessas iniciativas — como diversos benefícios fiscais para as companhias petrolíferas — talvez sejam consideradas subsídios para os combustíveis fósseis, mas na verdade são apenas uma ferramenta para empregar uma tecnologia que consideramos valiosa. Lembre que até o fim da década de 1970 — quando o conceito de mudanças climáticas entrou para o debate nacional — era amplamente aceito que a melhor maneira de elevar a qualidade de vida e democratizar o desenvolvimento econômico residia em expandir o uso de combustíveis fósseis.

O que isso significa na prática?

Calcular um preço para o carbono. Seja na forma de um imposto ou de um sistema de comércio de carbono em que as empresas possam comprar e vender o direito de emiti-lo, precificar as emissões é uma das coisas mais importantes que podemos fazer para eliminar os Prêmios Verdes.

No curto prazo, a importância da atribuição de um preço para o carbono é que a elevação do custo dos combustíveis fósseis serve como um aviso ao mercado de que haverá custos extras associados a produtos que emitem gases de efeito estufa. Para onde vai a receita do preço do carbono não interessa tanto quanto essa sinalização ao mercado. Muitos economistas defendem que o dinheiro pode ser devolvido aos consumidores ou às empresas para cobrir o consequente aumento nos preços da energia, embora haja quem argumente com justiça que deveria ir para a área de pesquisa e desenvolvimento e outras formas de incentivo para encontrar uma solução para as mudanças climáticas.

No longo prazo, à medida que nos aproximássemos do zero líquido, o preço do carbono poderia ser determinado pelo custo da captura direta, e a receita, usada para pagar pela extração de carbono do ar.

Seria uma mudança fundamental no modo como pensamos a precificação das coisas, mas o conceito de preço do carbono conta com ampla aceitação entre economistas de diversas escolas de pensamento e de todo o espectro político. Conduzi-la de forma apropriada será técnica e politicamente difícil, nos Estados Unidos e no mundo. Será que as pessoas estarão dispostas a pagar muito mais pela gasolina e qualquer outro produto ligado a emissões de gases de efeito estufa, ou seja, quase tudo? Não pretendo prescrever nenhuma solução, mas o principal objetivo é assegurar que todos paguem o custo real de suas emissões.

Padrões de eletricidade limpa. Vinte e nove estados americanos e a União Europeia adotam atualmente um modelo de desempenho chamado padrão de portfólio renovável. A ideia é exigir que as companhias de serviços públicos obtenham uma determinada porcentagem de sua eletricidade de fontes renováveis. São mecanismos flexíveis, lastreados no mercado; por exemplo, as empresas de serviços com mais acesso a fontes renováveis podem vender créditos para outras. Mas há um problema no modo como essa iniciativa é colocada em prática atualmente: ela permite aos serviços públicos usarem apenas determinadas tecnologias de baixo carbono (eólica, solar, geotérmica, às vezes hidrelétrica) e excluem opções como energia nuclear e captura de carbono. Isso na prática eleva o custo geral da redução de emissões.

Os padrões de eletricidade limpa, que um número cada vez maior de estados hoje busca adotar, são um caminho melhor a seguir. Em vez de enfatizar as fontes renováveis em particular, eles permitem que qualquer tecnologia de energia limpa — incluindo a nuclear e a captura de carbono — seja levada em conta para atender ao padrão. É uma abordagem flexível e com bom custo-benefício.

Padrões de combustível limpo. Essa ideia de padrão de desempenho flexível pode ser aplicada também a outros setores, para reduzir as emissões tanto de carros e construções como de usinas de energia. Por exemplo, um padrão de combustível limpo aplicado ao setor de transportes aceleraria o emprego de veículos elétricos, biocombustíveis avançados, eletrocombustíveis e outras soluções de baixa emissão de carbono. Como no padrão de eletricidade limpa, seria tecnologicamente neutro e as entidades reguladoras teriam permissão de negociar créditos, duas coisas que reduzem o custo para o consumidor. A Califórnia criou um modelo para isso com seu Padrão de Combustível de Baixo Carbono. No âmbito nacional, os Estados Unidos contam com uma base para uma política desse tipo em seu Padrão de Combustível Renovável, que poderia ser reformado para atender às limitações mencionadas no capítulo 10 e expandido para cobrir outras soluções de baixas emissões (incluindo eletricidade e eletrocombustíveis). Isso o tornaria uma poderosa ferramenta para lidar com as mudanças climáticas. A Diretiva de Energia Renovável da União Europeia representa oportunidade similar na Europa.

Padrões de produtos limpos. Os padrões de desempenho também podem ajudar a acelerar o uso de cimento, aço, plásticos e outros produtos que geram muitas emissões. Os governos começariam o processo estabelecendo programas de padrões para suas compras e criando programas de etiquetagem que forneçam ao comprador a informação sobre até que ponto cada um dos diferentes fornecedores é "limpo". A partir daí, podemos expandi-los para padrões que cubram todos os produtos com alta emissão de carbono no mercado, não apenas os adquiridos por um governo. Produtos importados também teriam de atender a eles, de forma a acalmar a preocupação nacional de que seu setor manufatureiro fabrique produtos mais caros e deixe o país em desvantagem competitiva.

Fora com as velharias. Além de produzir nova tecnologia o mais rápido possível, os governos precisarão aposentar todo equipamento ineficaz movido a combustíveis fósseis — de usinas elétricas a automóveis — com ainda mais rapidez. Usinas são caríssimas, e a energia produzida por elas só é barata se pudermos diluir os custos de construção ao longo de sua vida útil. Sendo assim, as empresas de serviços públicos e as agências que as regulamentam relutam em desativar uma usina perfeitamente funcional que talvez ainda tenha décadas de uso pela frente. Incentivos baseados em políticas públicas, tanto por meio da legislação fiscal como da regulamentação dos serviços públicos, podem acelerar esse processo.

QUEM DEVE TOMAR A INICIATIVA?

Nenhum órgão público isolado é capaz de implementar integralmente um plano como esse que esbocei; a autoridade para tomar decisões é dispersa demais. Precisaremos de uma atuação em todos os níveis de governo, dos planejadores do sistema de transporte local às legislaturas nacionais e agências de regulamentação ambiental.

A combinação exata vai variar de país para país, mas há alguns temas comuns que hoje são uma realidade na maioria dos lugares.

Os governos locais têm uma importante função para determinar como os prédios são construídos e que tipos de energia usam, para os ônibus e as viaturas funcionarem ou não a eletricidade, para a existência de uma infraestrutura de recarga para os veículos elétricos e para a forma como os resíduos são manejados.

A maioria dos governos estaduais ou municipais exerce um papel fundamental em regulamentar a eletricidade, planejar a infraestrutura, como estradas e pontes, e escolher os materiais usados nesses projetos.

Em geral, a jurisdição dos governos nacionais abrange atividades interestaduais ou internacionais, portanto são eles que instituem as normas que regem os mercados de eletricidade, determinam a regulamentação sobre poluição e definem os padrões para veículos e combustíveis. Eles também usufruem de enorme poder de compra, são a fonte primária de incentivos fiscais e costumam financiar mais pesquisa com dinheiro público do que qualquer outra instância de governo.

Em suma, todo governo nacional precisa fazer três coisas.

Primeiro, consolidar a meta de chegar a zero — até 2050 para os países ricos e, após essa data, quanto antes possível para os países de renda média.

Segundo, desenvolver planos específicos para atender a tais metas. Para chegar a zero até 2050, precisaremos de políticas públicas e estruturas de mercado funcionando até 2030.

E, terceiro, qualquer país em condições de financiar pesquisa precisa se certificar de estar no caminho certo para produzir uma energia limpa barata — reduzindo os Prêmios Verdes — a ponto de permitir aos países de renda média zerar suas emissões.

Para mostrar como todas essas coisas podem trabalhar juntas, vejamos como seria uma abordagem envolvendo todas as instâncias de governo para acelerar a inovação nos Estados Unidos.

Governo federal

Nenhum outro governo do mundo faz mais do que o americano para estimular a inovação no fornecimento de energia. É o maior financiador e realizador de pesquisa e desenvolvimento nessa área, com doze diferentes agências federais envolvidas (o Departamento de Energia fica de longe com a maior parcela). O país dispõe de todo tipo de ferramenta para controlar a direção e o ritmo da pesquisa e do desenvolvimento em energia: bolsas de pesquisa, programas de empréstimo, incentivos fiscais, laboratórios, programas-piloto, parcerias público-privadas e mais.

O governo federal desempenha também um papel fundamental no crescimento da demanda por produtos e políticas verdes. Ele ajuda a financiar vias públicas e pontes construídas por governos estaduais e locais, regulamenta a infraestrutura interestadual, como linhas de transmissão, oleodutos e estradas, e ajuda a estabelecer as normas para a eletricidade interestadual e os mercados de combustíveis. Além disso, arrecada a maior parte da receita com impostos, o que significa que os incentivos financeiros federais serão os mais eficazes em motivar a mudança.

Quando precisamos da adoção de novas tecnologias em larga escala, o governo federal desempenha o papel mais importante de todos. Ele regulamenta o comércio interestadual e é a instância governamental encarregada do comércio internacional e das políticas de investimento, ou seja, precisaremos de políticas federais para reduzir quaisquer fontes de emissões que cruzem fronteiras estaduais ou internacionais. (Segundo a *Economist* — uma de minhas revistas favoritas —, as emissões americanas seriam cerca de 8% mais elevadas se incluíssemos todos os produtos consumidos pelos americanos, mas produzidos em outro lugar. No caso da Grã-Bretanha, seriam cerca de 40% mais elevadas.) Embora a precificação do carbono, os padrões de eletricidade limpa, os padrões de combustível limpo e os padrões de produtos limpos possam ser adotados no âmbito estadual, eles serão mais eficazes com uma implementação nacional.

Na prática, isso significa que o Congresso precisa conceder verbas para pesquisa e desenvolvimento, para compras governamentais e para desenvolver a infraestrutura necessária, além de criar, modificar ou ampliar incentivos financeiros para as políticas e produtos verdes.

Dentro do poder executivo, o Departamento de Energia conduz pesquisa independente e também financia outros trabalhos; ele teria um papel central a desempenhar na implementação de um padrão federal de eletricidade limpa. A Agência de Proteção Ambiental ficaria encarregada de projetar e implementar um amplo programa de padrão de combustível limpo. A Comissão Reguladora de Energia Federal, que supervisiona os mercados de eletricidade no atacado e projetos de transmissão interestadual e oleodutos, regulamentaria a infraestrutura e os elementos mercadológicos do plano.

A lista continua: o Departamento de Agricultura realiza trabalho fundamental em uso da terra e emissões agrícolas; o Departamento de Defesa compra combustíveis e materiais de baixas emissões avançados; a Fundação Nacional de Ciências financia pesquisa; o Departamento de Transporte ajuda a subsidiar vias públicas e pontes; e assim por diante.

Por fim, há a questão de como financiar o trabalho que enfrentaremos para chegar a zero. É impossível saber com precisão quanto custará zerar as emissões ao longo do tempo — vai depender do sucesso e da velocidade da inovação e da eficiência de sua aplicação —, mas sabemos que exigirá um investimento altíssimo.

Os Estados Unidos têm a sorte de contar com mercados maduros e criativos, capazes de adotar grandes ideias, desenvolvê-las e empregá-las rapidamente; sugeri aqui maneiras pelas quais o governo federal pode ajudar a orientar esses mercados para a direção certa e fazer uma parceria com o setor privado de novas formas. Outros países — China, Índia e muitas nações europeias, por exemplo — não têm empresas privadas tão fortes, mas ainda podem fazer grandes investimentos públicos para a mudança climática. E instituições multilaterais, como o Banco Mundial e bancos de desenvolvimento na Ásia, na África e na Europa, também buscam se envolver cada vez mais.

Duas coisas ficam claras. Primeiro, a quantidade de dinheiro investido para zerar as emissões, e para a adaptação aos danos que sabemos estarem a caminho, precisará aumentar drasticamente e no longo prazo. Para mim, isso significa que os governos e os bancos multilaterais terão de encontrar maneiras muito mais eficazes de recorrer ao capital privado. Seus cofres não são grandes o bastante para fazerem isso por conta própria.

Segundo, os prazos para o investimento climático são longos, e os riscos, altos. Assim, o setor público deveria usar seu poderio financeiro para prolongar o horizonte de investimento — refletindo o fato de que os retornos talvez levem anos para chegar — e reduzir esse risco. Será complicado misturar dinheiro público e privado em escala tão ampla, mas é essencial. Precisamos de nossos melhores especialistas em finanças trabalhando no problema.

Governos estaduais

Nos Estados Unidos, muitos governos estaduais têm mostrado o caminho. Vinte e quatro estados, além de Porto Rico, uniram-se à Aliança Climática bipartidária, comprometendo-se a cumprir pelo menos 26% das metas de redução do Acordo de Paris até 2025. Embora isso esteja longe de atender aos requisitos necessários para reduzir as emissões nacionais, tampouco pode ser considerado uma empreitada quixotesca. Os estados têm papel crucial a desempenhar na demonstração da viabilidade de tecnologias e políticas inovadoras, por exemplo usando seus projetos de serviços públicos e obras viárias para levar tecnologias como armazenamento de longa duração e cimento de baixas emissões ao mercado.

Os estados também podem testar políticas públicas como a precificação do carbono, os padrões de eletricidade limpa e os padrões de combustível limpo antes de serem implementadas no restante do país. E também é possível criar alianças regionais, do mesmo modo como a Califórnia e outros estados do oeste buscaram unificar suas redes de energia e alguns estados no nordeste fizeram com um programa de comércio de emissões para reduzir sua pegada de carbono. A Aliança Climática dos Estados Unidos e as cidades que se alinharam a ela representam mais de 60% da economia americana, ou seja, possuem uma capacidade fenomenal de criar mercados e mostram como podemos implementar ideias novas em larga escala.

As **legislaturas estaduais** ficariam incumbidas de adotar sistemas de precificação do carbono, padrões de energia limpa e padrões de combustível limpo no âmbito estadual. Também orientariam as agências estaduais e as comissões de serviços públicos (ou "utilidades públicas", o nome varia conforme o estado) a mudar suas políticas de licitação, de modo a priorizar tecnologias avançadas de baixas emissões.

As **agências estaduais** são responsáveis pelo cumprimento das metas estabelecidas pela legislação estadual e pelo governador. Elas supervisionam a eficiência energética e as normas de construção, cuidam das políticas públicas e dos investimentos estaduais no transporte, fiscalizam os padrões de poluição e regulamentam a agricultura e outros usos da terra.

Na eventualidade improvável de alguém lhe perguntar qual é a agência mais obscura com o impacto menos reconhecido no combate às mudanças climáticas, você não erraria se dissesse: "A comissão de serviços públicos (ou utilidades públicas) do meu estado". A maioria nunca ouviu falar em tais comissões, mas elas na verdade são responsáveis por inúmeras regulamentações energéticas nos Estados Unidos. Por exemplo, são elas que aprovam os planos de investimento nos serviços elétricos e determinam o preço pago pelo consumidor. E serão cada vez mais importantes à medida que atendermos maior proporção de nossas necessidades energéticas com eletricidade limpa.

Governos locais

Prefeituras nos Estados Unidos e no mundo todo têm se comprometido a reduzir as emissões. Doze grandes cidades americanas estabeleceram como meta a neutralidade em carbono até 2050, e mais de trezentas se comprometeram a cumprir as metas do Acordo de Paris.

As prefeituras não influenciam tanto as emissões quanto os governos estaduais e federais, mas estão longe de ter as mãos amarradas. Embora não possam estabelecer seus próprios padrões de emissão de veículos, por exemplo, as esferas municipais podem comprar ônibus elétricos, financiar mais estações de recarga para veículos elétricos, usar leis de zoneamento para aumentar a densidade habitacional, de modo que as pessoas se desloquem menos entre o trabalho e suas casas, e potencialmente restringir o acesso de veículos a combustíveis fósseis de suas vias públicas. Podem estabelecer também normas de construção verde, eletrificar suas frotas de veículos e determinar diretrizes de licitações públicas e padrões de desempenho para prédios municipais.

E algumas cidades — Seattle, Nashville e Austin, por exemplo — são as proprietárias da companhia de serviços públicos local, o que lhes permite se assegurar que suas fontes de eletricidade sejam limpas. Essas cidades também podem permitir a construção de projetos de energia limpa nos terrenos municipais.

As **assembleias municipais** podem realizar ação similar à das legislaturas estaduais e do Congresso americano, financiando prioridades de políticas climáticas e exigindo atuação das agências governamentais locais.

As **agências locais**, como suas equivalentes estaduais e federais, supervisionam a aplicação de diferentes políticas públicas. Os departamentos de construção fiscalizam as normas de eficiência; as agências de transporte público podem comandar a transição para veículos elétricos e determinar quais materiais são utilizados na pavimentação de ruas e na construção de pontes; as agências de manejo de resíduos sólidos possuem grandes frotas de veículos e influenciam as emissões dos aterros sanitários.

Voltando ao âmbito federal para um último ponto: como os países ricos podem lidar com aqueles que querem que o problema seja resolvido, mas se recusam a arcar com os custos da solução.

É impossível negligenciar o fato de que zerar as emissões terá um preço. Precisamos investir mais dinheiro em pesquisa, bem como em políticas públicas que orientem os mercados na direção dos produtos de energia limpa, que no momento são mais caros do que seus equivalentes emissores de gases de efeito estufa.

Mas é complicado impor custos mais elevados hoje em troca de um clima melhor amanhã. Os Prêmios Verdes dão aos países, especialmente os de rendas média e baixa, um incentivo considerável para resistir a cortar suas emissões. Já vimos exemplos e mais exemplos ao redor do mundo — Canadá, Filipinas, Brasil, Austrália, França e outros — em que o público deixou claro, com seu voto e sua voz, que não deseja pagar mais caro pela gasolina, pelo óleo que alimenta seus sistemas de aquecimento e por outros produtos básicos.

A questão não é que essas pessoas queiram um clima mais quente. Só estão preocupadas em quanto as soluções vão lhes custar.

Sendo assim, como solucionamos o problema do carona?

Estabelecer metas ambiciosas e se comprometer a cumpri-las, como os países fizeram no Acordo de Paris em 2015, podem ajudar. É fácil menosprezar os acordos internacionais, mas eles são parte de como o progresso acontece: se você tem algum apreço pela camada de ozônio, deve ficar grato ao acordo internacional chamado Protocolo de Montreal.

Uma vez determinadas as metas, os países se reúnem em fóruns como o COP21 para relatar seus progressos e compartilhar as iniciativas que vêm dando certo. Esses eventos servem como um mecanismo para pressionar os governos nacionais a fazer sua parte. Quando os governantes de todo o mundo concordam que reduzir as emissões é valioso, fica mais difícil — embora sempre seja possível, como já vimos — ser o do contra que diz: "Que se dane. Continuaremos a emitir gases de efeito estufa".

E quanto aos que se recusarem a cooperar? É notoriamente difícil fazer um país prestar contas por coisas como emissões de carbono. Mas não está fora de cogitação. Por exemplo, os governos que adotam um preço sobre o carbono podem criar o chamado ajuste de fronteira — assegurando que o preço seja pago não só em função do que é produzido internamente, mas também dos produtos importados. (Devem ser feitas concessões para países de baixa renda nos quais a prioridade seja promover o crescimento econômico, e não reduzir suas emissões de carbono já bastante baixas.)

E mesmo países sem imposto sobre o carbono podem estabelecer que não farão acordos comerciais nem entrarão em parcerias multilaterais com quem não priorizou a redução de gases de efeito estufa nem adotou as políticas públicas que acompanham tal medida (mais uma vez, fazendo concessões para os países de baixa renda). Em essência, os governos podem dizer uns aos outros: "Se você quer fazer negócios conosco, precisa levar as mudanças climáticas a sério".

Por fim — e, a meu ver, da mais extrema urgência —, temos de cortar os custos dos Prêmios Verdes. É a única maneira de possibilitar aos países de rendas média e baixa a redução de suas emissões até zerá-las, e isso vai acontecer apenas se os países ricos — especialmente Estados Unidos, Japão e os países europeus — derem o exemplo. Afinal, é neles que grande parte da inovação mundial acontece.

E — esse é um ponto realmente importante — *baixar os Prêmios Verdes pagos pelo mundo não é caridade*. Países como os Estados Unidos não deveriam encarar o investimento em pesquisa e desenvolvimento em energia limpa como um favor aos demais, mas sim como uma oportunidade para obter avanços científicos que darão origem a novos setores econômicos formados por novas empresas essenciais, gerando emprego e reduzindo as emissões ao mesmo tempo.

Pense em todos os benefícios advindos da pesquisa médica financiada pelos Institutos Nacionais de Saúde. Os NIH publicam seus resultados para que cientistas de todo o mundo possam se beneficiar de seu trabalho, mas o financiamento também aumenta a capacidade das universidades americanas, que por sua vez se associam em projetos tanto com startups quanto com grandes empresas. Resultado: um produto de exportação americano — especialidade médica avançada — que cria vários empregos bem remunerados no país de origem e salva vidas no resto do mundo.

Isso também se aplica ao setor de tecnologia, onde os investimentos iniciais feitos pelo Departamento de Defesa levaram à criação da internet e dos microchips que possibilitaram a revolução dos computadores pessoais.

E a mesma coisa pode acontecer na energia limpa. Há mercados de bilhões de dólares à espera de que alguém invente cimento, aço ou combustível líquido de carbono zero a baixo custo. Como tentei mostrar, obter esses avanços, e em larga escala, será difícil, mas as oportunidades são tão grandes que vale a pena sair na frente do resto do mundo. Alguém vai inventar essas tecnologias. É só uma questão de quem e quando.

Há também muita coisa que as pessoas comuns podem fazer, do âmbito local ao nacional, para acelerar essa agenda. Vamos falar sobre isso no próximo e último capítulo.

12. O que cada um pode fazer

É fácil nos sentirmos impotentes diante de um problema tão grande quanto as mudanças climáticas. Mas algumas coisas estão ao nosso alcance. E não é necessário ser político ou filantropo para fazer diferença. Você tem influência como cidadão, consumidor e trabalhador ou empregador.

COMO CIDADÃO

Quando nos perguntamos o que fazer para limitar as mudanças climáticas, é natural pensar em coisas como comprar um carro elétrico ou comer menos carne. Esse tipo de ação pessoal é importante, pela sinalização que faz ao mercado — veja a seção seguinte para mais detalhes sobre esse ponto —, mas o grosso de nossas emissões depende dos sistemas mais amplos nos quais se desenrola nossa vida diária.

Quando alguém quer comer torrada no café da manhã, precisamos assegurar a presença de um sistema capaz de suprir o pão, a torradeira e a eletricidade que a faz funcionar sem acrescentar gases de efeito estufa à atmosfera. Não resolveremos o problema climático dizendo às pessoas para nunca mais comer torrada.

Mas a instalação desse novo sistema de energia requer uma ação política combinada. Por isso, o engajamento no processo político é o passo mais importante que gente de todas as áreas pode dar para evitar um desastre climático.

Em meus encontros com políticos, percebi que é útil ter em mente que as mudanças climáticas não são a única pauta em discussão. Chefes de governo também têm de pensar em educação, empregos, saúde, política externa e, mais recentemente, a covid-19. E não poderia ser de outra forma: todas essas coisas demandam atenção.

Mas há um limite para a quantidade de problemas que os responsáveis pelas políticas públicas podem assumir. E suas decisões sobre o que fazer, e o que priorizar, baseiam-se no que escutam de seu eleitorado.

Em outras palavras, nossos representantes adotarão planos específicos para as mudanças climáticas se forem cobrados por seus eleitores. Graças a ativistas do mundo todo, não precisamos gerar demanda: milhões de pessoas já estão envolvidas em um chamado à ação. O que devemos fazer, porém, é transformar essas cobranças em uma pressão que incentive os políticos a tomar decisões difíceis e fazer os pactos necessários para cumprir as promessas de reduzir as emissões.

Seja lá de que outros recursos você disponha, sempre pode usar sua voz e seu voto para gerar mudanças efetivas.

Telefone, escreva cartas, compareça a câmaras municipais. Você pode ajudar os governantes a entender que é tão importante pensar no problema de longo prazo das mudanças climáticas quanto em empregos, educação ou saúde.

Sei que soa antiquado, mas cartas e telefonemas para seus

representantes eleitos podem exercer um impacto real. Senadores e deputados recebem relatórios frequentes sobre o que seus gabinetes ouvem dos eleitores. Mas não diga simplesmente: "Façam alguma coisa sobre as mudanças climáticas". Informe-se a respeito da posição deles sobre o assunto, faça perguntas, deixe claro que se trata de uma questão que ajudará a determinar seu voto. Reivindique mais financiamento para pesquisa e desenvolvimento em energia limpa, o desenvolvimento de um padrão de energia limpa, um preço sobre o carbono ou qualquer outra política mencionada no capítulo 11.

Pense em termos tanto locais como nacionais. Muitas decisões relevantes são tomadas nos âmbitos estadual e local por governadores, prefeitos e legislaturas estaduais e municipais — instâncias em que os cidadãos podem ter um impacto ainda maior do que na esfera federal. Nos Estados Unidos, por exemplo, a eletricidade é regulamentada principalmente pelas comissões de serviços públicos estaduais, compostas de membros eleitos ou nomeados. Conheça seus representantes e mantenha contato com eles.

Concorra a um cargo. Concorrer a um assento no Congresso dos Estados Unidos não é fácil. Mas você não precisa começar por aí: pode concorrer a um cargo estadual ou local, onde provavelmente terá maior impacto, de qualquer forma. Precisamos de toda inteligência, coragem e criatividade em políticas públicas que pudermos obter.

COMO CONSUMIDOR

O mercado é governado pela lei da oferta e da procura, e, como consumidor, você pode exercer um impacto imenso em um dos lados dessa equação. Se todos fizermos mudanças individuais no que compramos e usamos, isso representa muita coisa — desde que mantenhamos o foco nas mudanças significativas. Por exemplo, se tiver condições de instalar um termostato inteligente para reduzir seu consumo de energia quando não está em casa, não deixe de fazê-lo. Você vai reduzir sua conta de luz e suas emissões de gases de efeito estufa.

Mas isso não é a coisa mais relevante que você pode fazer como consumidor. Você também pode sinalizar para o mercado que quer alternativas de carbono zero e está disposto a arcar com o custo disso. Quando se dispõe a pagar mais caro por um carro elétrico, uma bomba de calor ou um hambúrguer vegetariano, a pessoa está afirmando: "Há mercado para essas coisas. Nós as compramos". Se uma grande quantidade de gente mandar o mesmo recado, as empresas vão responder — e muito rapidamente, pelo que aprendi por experiência própria. Elas investirão mais tempo e dinheiro na fabricação de produtos de baixas emissões, o que diminuirá o preço desses produtos, ajudando sua adoção em larga escala. Isso deixará os investidores mais confiantes para financiar as novas empresas, realizando as inovações que nos ajudarão a chegar a zero.

Sem essa sinalização de demanda, as inovações em que os governos e os negócios investem ficarão esquecidas na prateleira. Ou nem serão desenvolvidas, para começo de conversa, porque não há incentivo econômico para fabricá-las.

Em termos mais específicos, você pode tomar as seguintes iniciativas:

Inscreva-se em um programa de precificação verde junto a sua companhia energética. Algumas fornecedoras de serviços públicos permitem a residências e empresas pagar uma taxa extra por eletricidade de fontes limpas. Em treze estados dos Estados Unidos, é obrigatório que as companhias ofereçam essa opção. Os clientes desses programas pagam um prêmio sobre sua conta de eletricidade para cobrir o custo extra da energia renovável, em média de um a dois centavos por quilowatt-hora, ou de nove dólares a dezoito dólares por mês para o lar americano padrão. Quando você faz parte desses programas, a empresa percebe que está disposto a pagar contas mais altas em nome das mudanças climáticas.

Mas o que esses programas *não* fazem é cancelar emissões ou discutir a quantidade de energia renovável que está à disposição. Somente políticas governamentais, ao lado de investidores, podem agir dessa maneira.

Reduza suas emissões domésticas. Dependendo de seu tempo e meios financeiros, você pode trocar suas lâmpadas incandescentes por outras de LED, instalar um termostato inteligente, melhorar o isolamento térmico de suas janelas, comprar eletrodomésticos mais eficientes ou trocar seu sistema de aquecimento e resfriamento por uma bomba de calor (contanto que more em um clima onde elas são viáveis). Se vive de aluguel, pode fazer as mudanças que estiverem a seu alcance — como trocar as lâmpadas — e solicitar ao proprietário que cuide do resto. Se está construindo uma casa nova ou reformando uma antiga, pode optar por aço reciclado e tornar o imóvel mais eficiente usando material com desempenho superior em isolamento térmico, como painéis estruturais isolantes, peças pré-fabricadas de concreto armado, barreiras radiantes para telhado ou sótão, isolamento reflexivo e sistemas de isolamento de fundações.

Compre um veículo elétrico. Os veículos elétricos avançaram muito em termos de custo e desempenho. Embora possam não ser a melhor escolha para todo mundo (não são ideais para muitas viagens de longa distância, e a recarga doméstica não é conveniente para qualquer um), estão se tornando mais acessíveis para muitos consumidores. Esse é um dos setores em que o comportamento do consumidor pode exercer um impacto imenso: se as pessoas os compram aos montes, as companhias os fabricam aos montes.

Experimente um hambúrguer vegetariano. Admito que os hambúrgueres de proteína vegetal nem sempre foram muito saborosos, mas a nova geração de produtos é melhor e está mais próxima da textura da carne do que suas precursoras. Podemos encontrá-las em muitos restaurantes, supermercados e até redes de fast-food. A compra desses produtos manda o recado claro de que fabricá-los é um bom investimento. Além do mais, comer um substituto da carne (ou simplesmente não comer carne) apenas uma ou duas vezes por semana diminuirá suas emissões. O mesmo vale para os laticínios.

COMO TRABALHADOR OU EMPREGADOR

Seja um funcionário ou um acionista da sua empresa, você pode obrigá-la a fazer sua parte. Claro que grandes empresas exercerão maior impacto em muitas dessas áreas, mas pequenos negócios também podem fazer bastante diferença, sobretudo se trabalharem juntos por meio de organizações como câmaras de comércio locais.

Alguns passos são mais fáceis de dar do que outros. As coisas mais simples também são importantes — plantar árvores para amortizar emissões, por exemplo, é uma boa medida a ser tomada por razões políticas e ambientais. Isso demonstra que você se importa com as mudanças climáticas.

Mas fazer apenas aquilo que é muito fácil não vai resolver o problema. O setor privado também vai ter de se preocupar com os passos mais difíceis.

Para começar, isso significa assumir mais riscos — por exemplo, investir em projetos que até podem falir, mas que representem uma boa descoberta em relação a energia limpa. Acionistas e membros do conselho precisarão estar dispostos a assumir esse risco também, deixando claro para os executivos que vão bancar os investimentos mesmo que não evoluam a curto prazo. As empresas e os líderes de equipe precisam ser reconhecidos quando fizerem apostas que nos levem adiante na discussão das mudanças climáticas.

As empresas também podem se unir para identificar e tentar resolver os maiores desafios no que diz respeito ao clima. Isso significa procurar pelos Prêmios Verdes maiores e tentar reduzi-los. Se os consumidores das gigantes do setor privado — como as indústrias de aço e cimento — se juntassem para exigir a adoção de substitutos "limpos" e se empenhassem para investir na infraestrutura necessária para desenvolvê-los, isso aceleraria as pesquisas e colocaria o mercado no caminho certo.

Por fim, o setor privado pode funcionar como um porta-voz ao ter de tomar essas decisões mais difíceis — por exemplo, aceitar usar seus recursos para desenvolver esses mercados e exigir que o governo crie estruturas regulatórias para que essas novas tecnologias possam ser bem-sucedidas. Será que os líderes políticos estão concentrando suas energias nas maiores fontes emissoras de carbono e nos desafios técnicos mais complicados? Eles estão falando sobre armazenagem de energia, eletrocombustíveis, fusão nuclear, captura de carbono e aço e cimento zero carbono? Se não estiverem falando sobre tudo isso, não estão de fato nos ajudando a trilhar o caminho da emissão zero até 2050.

Aqui estão alguns passos que o setor privado pode seguir:

Estabeleça uma taxa interna de carbono. Algumas empresas têm imposto uma taxa de carbono a cada um de seus departamentos. Isso não significa assumir um falso compromisso com a redução das emissões. O que elas querem fazer é ajudar a tirar os produtos do laboratório e distribuir para o mercado, porque a arrecadação proveniente das taxas internas pode ser destinada diretamente para ações que reduzam os Prêmios Verdes e ajudem a criar um mercado de produtos de energia limpa de que essas empresas vão necessitar. Funcionários, investidores e clientes devem ser porta-vozes dessa abordagem, dando apoio aos executivos responsáveis por sua implementação.

Priorize a inovação em soluções de baixo carbono. Investir em novas ideias costumava ser questão de honra para a maioria das indústrias, mas os anos gloriosos de pesquisa e desenvolvimento corporativo ficaram no passado. Hoje em dia, as empresas nas indústrias aeroespacial, de materiais e de energia gastam em média menos de 5% de sua receita com pesquisa e desenvolvimento. (Empresas de software, mais de 15%.) As companhias deveriam rever suas prioridades de pesquisa e desenvolvimento, com particular atenção às inovações de baixo carbono, muitas das quais exigirão esforços de longo prazo. Empresas maiores podem formar parcerias com pesquisadores do governo para levar experiência comercial prática à pesquisa.

Seja um *early adopter*. Assim como os governos, as empresas podem se valer do fato de serem grandes compradoras para acelerar a adoção de novas tecnologias. Entre outras coisas, isso implicaria usar veículos elétricos para as frotas corporativas, comprar materiais de baixo carbono para a construção ou reforma de prédios comerciais e se comprometer a consumir uma determinada parcela de eletricidade limpa. Muitas empresas no mundo já usam energia renovável para boa parte de suas operações, incluindo Microsoft, Google, Amazon e Disney. O conglomerado dinamarquês Maersk afirma que cortará suas emissões líquidas a zero até 2050.

Mesmo que esses compromissos sejam difíceis de cumprir, são importantes recados para o mercado sobre o valor de desenvolver alternativas de carbono zero. Os inovadores sentem a demanda e percebem que há um mercado pronto para adquirir seus produtos.

Envolva-se no processo de criação de políticas públicas. O mundo dos negócios não pode ter medo de trabalhar com o governo, da mesma forma que o poder público não pode ter medo de trabalhar com a iniciativa privada. As empresas devem lutar pelas emissões zero e apoiar o financiamento para a ciência básica e os programas de desenvolvimento e pesquisa aplicada que nos farão chegar lá. Isso será particularmente importante, considerando o declínio em pesquisa e desenvolvimento corporativo ao longo das últimas décadas.

Associe-se à pesquisa financiada pelo governo. Os programas de pesquisa e desenvolvimento do governo devem se aproximar do ambiente empresarial para que a pesquisa básica e aplicada se concentre nas ideias com maior chance de virar produtos. (Ninguém sabe melhor o que pode ou não dar certo do que as empresas que desenvolvem e comercializam mercadorias diariamente.) Fazer parte de organizações setoriais e fazer exercícios de planejamento são maneiras de baixo custo de orientar os programas de pesquisa e desenvolvimento do governo.

As empresas também podem ajudar a financiar pesquisa e desenvolvimento por meio de contratos de compartilhamento de custos e projetos de pesquisa conjuntos — o tipo de colaboração público-privada que nos deu as turbinas a gás e os motores a diesel avançados.

Ajude os inovadores em estágio inicial a atravessar o vale da morte. Muitos pesquisadores nunca chegam a transformar suas ideias promissoras em produtos porque esse processo seria arriscado ou caro demais. Companhias bem estabelecidas podem ajudar nesse sentido propiciando acesso a sua infraestrutura de testes de produtos e fornecendo dados como métricas de custo. Se quiserem fazer mais, podem oferecer bolsas e programas de incubação para empreendedores, investir em novas tecnologias, criar divisões de negócios especialmente focadas na inovação de baixo carbono e financiar novos projetos de baixas emissões.

UM ÚLTIMO PENSAMENTO

Infelizmente, o debate sobre mudanças climáticas se tornou desnecessariamente polarizado, para não mencionar obscurecido, por informações conflitantes e notícias confusas. Precisamos tornar o debate mais criterioso e construtivo e, acima de tudo, centrá-lo em planos realistas e específicos para chegar a zero.

Quem dera houvesse uma invenção mágica capaz de levar a conversa para uma direção mais produtiva. Claro que algo assim não existe. Na verdade, essa tarefa cabe a cada um de nós.

Tenho esperança de que conseguiremos transformar o debate compartilhando os fatos com as pessoas que fazem parte de nossas vidas — nossos familiares, amigos e líderes. E não só os fatos que nos dizem por que precisamos agir, mas também os que nos mostram as ações que produzirão o maior benefício. Um dos meus objetivos para escrever este livro é estimular mais dessas conversas.

Espero ainda que possamos nos unir em torno de planos capazes de superar as divisões políticas. Como tentei demonstrar, isso pode não ser tão ingênuo quanto parece. Ninguém domina o mercado de soluções efetivas para a mudança climática. Seja você um entusiasta da iniciativa privada, da intervenção governamental ou do ativismo, ou de alguma combinação entre essas coisas, há uma ideia prática em torno da qual pode se unir. Quanto às ideias que não pode apoiar, talvez se sinta obrigado a manifestar publicamente sua opinião, e isso é compreensível. Mas espero que gaste mais tempo e energia apoiando coisas de que é a favor do que se opondo às que é contra.

Com a ameaça das mudanças climáticas pairando sobre nós, pode ser difícil ter esperança no futuro. Mas, como meu amigo Hans Rosling, o falecido educador e defensor da saúde global, escreveu em seu sensacional livro *Factfulness*: "Quando temos um ponto de vista baseado em fatos, conseguimos perceber que o mundo não é tão ruim quanto parece — e podemos ver o que devemos fazer para que continue melhorando".[1]

Quando temos um ponto de vista baseado em fatos sobre as mudanças climáticas, podemos ver que já dispomos de parte das coisas de que precisamos para evitar um desastre climático, mas não de todas. Podemos ver o que está nos impedindo de empregar as soluções que temos e desenvolver as inovações de que precisamos. E podemos ver todo o trabalho que devemos fazer para superar esses obstáculos.

Sou otimista porque sei o que a tecnologia é capaz de realizar, e o que *as pessoas* conseguem fazer. O entusiasmo que vejo nelas para resolver esse problema, acima de tudo entre os jovens, me inspira profundamente. Se nos concentrarmos na grande meta — chegar a zero — e fizermos um planejamento com seriedade para conquistá-la, podemos evitar um desastre. Conseguiremos manter o clima suportável para o mundo, ajudar centenas de milhões de pobres a extrair o máximo proveito de suas vidas e preservar o planeta para as futuras gerações.

Posfácio

As mudanças climáticas e a covid-19

Encerrei meu trabalho com este livro no fim do ano mais tumultuado de que temos lembrança. Conforme escrevo este posfácio, em novembro de 2020, a covid-19 matou mais de 1,4 milhão de pessoas no mundo e começa a entrar em uma nova onda de casos e mortes. A pandemia mudou a maneira como trabalhamos, vivemos e nos relacionamos.

Ao mesmo tempo, o ano de 2020 também trouxe novas razões para ter esperança quanto às mudanças climáticas. Com a eleição de Joe Biden à presidência dos Estados Unidos, o país está prestes a retomar seu papel de liderança no assunto. A China está comprometida com a meta ambiciosa de neutralizar suas emissões até 2060. Em 2021, as Nações Unidas se reunirão na Escócia para outra importante cúpula sobre as mudanças climáticas. Claro que nada disso é garantia de que faremos progresso, mas as oportunidades estão aí.

Espero passar a maior parte do tempo em 2021 conversando com líderes mundiais sobre as mudanças climáticas e a covid-19. Quero mostrar a eles que inúmeras lições que aprendemos com a pandemia — e os valores e princípios que norteiam a forma como enfrentamos o problema — se aplicam igualmente à questão do clima. Sob risco de repetir o que já mencionei antes neste livro, vou resumi-las aqui.

Primeiro, precisamos de cooperação internacional. A frase "temos de trabalhar juntos" é fácil de ser tachada como clichê, mas é verdade. Quando os governos, os pesquisadores e a indústria farmacêutica trabalharam juntos para combater a covid-19, o mundo fez um progresso notável — por exemplo, desenvolvendo e testando vacinas em tempo recorde. E quando não aprendemos uns com os outros e optamos por demonizar os demais países, ou nos recusamos a aceitar que máscaras e distanciamento social desaceleram a disseminação do vírus, prolongamos o sofrimento.

O mesmo vale para as mudanças climáticas. Se os países ricos se preocuparem apenas em baixar as próprias emissões e não considerarem que as tecnologias limpas precisam ser práticas para todo mundo, jamais chegaremos a zero. Nesse sentido, ajudar os outros se mostra não apenas um gesto de altruísmo, como também uma medida de interesse próprio. Todo mundo tem motivos para zerar as emissões e ajudar os outros a ter sucesso nisso da mesma forma. A temperatura não vai parar de subir no Texas a menos que as emissões parem de aumentar na Índia.

Segundo, precisamos deixar que a ciência — na verdade, as inúmeras ciências diferentes — oriente nossos esforços. No caso da covid-19, recorremos à biologia, à virologia e à farmacologia, bem como às ciências políticas e econômicas — afinal, decidir como distribuir vacinas de forma justa é um gesto inerentemente político. E assim como a epidemiologia nos informa sobre os riscos da covid-19, mas não sobre como detê-la, a ciência climática nos diz por que precisamos mudar de rumo, mas não explica como fazê-lo. Para isso, dependemos da engenharia, da física, da ciência ambiental, da economia e muito mais.

Terceiro, nossas soluções devem ir ao encontro das necessidades dos mais atingidos. Com a covid-19, os que mais sofrem são os que têm menos opções — trabalhando de casa, por exemplo, ou tirando um tempo para cuidar de si ou da família. E a maioria deles são pessoas não brancas e de baixa renda.

Nos Estados Unidos, negros e latinos têm uma probabilidade desproporcionalmente maior de contrair o vírus e morrer.[1] Estudantes negros e latinos têm menos chances de conseguir cursar as aulas on-line do que brancos. Para usuários do Medicare, a taxa de mortalidade da covid-19 é quatro vezes mais elevada entre os mais pobres.[2] A diminuição desse fosso será vital para controlar o vírus nos Estados Unidos.

No mundo todo, a covid-19 fez regredir décadas de progresso contra a pobreza e as doenças. À medida que agiam para lidar com a pandemia, os governos tiveram de tirar pessoas e dinheiro de outras prioridades, incluindo programas de vacinação. Um estudo feito pelo Institute for Health Metrics and Evaluation revelou que em 2020 as taxas de vacinação caíram a níveis vistos pela última vez na década de 1990.[3] Perdemos 25 anos de progresso em cerca de 25 semanas.

As nações ricas, já generosas em suas contribuições para a saúde global, precisarão ser ainda mais generosas para compensar esse retrocesso. Quanto mais investirem em fortalecer os sistemas de saúde mundiais, mais preparados estaremos para a próxima pandemia.

Da mesma forma, precisamos fazer planos para uma transição justa para um futuro de emissões zero. Como argumentei no capítulo 9, as populações dos países pobres precisarão se ajustar a um mundo mais quente. E os países mais ricos terão de admitir que a transição energética será disruptiva para aqueles que dependem dos atuais sistemas de energia: os lugares onde a mineração do carvão é a principal indústria, onde o cimento é produzido, o aço é fundido ou os carros são fabricados. Além disso, muitos empregos dependem indiretamente dessas indústrias — quando houver menos carvão e combustível para os transportes, haverá menos vagas para motoristas de caminhão e trabalhadores ferroviários. Uma parte significativa da economia da classe trabalhadora será afetada, e por isso deve haver um plano de transição preparado para essas comunidades.

Finalmente, podemos fazer o que for necessário para resgatar as economias do desastre da pandemia e impulsionar a inovação para evitar o desastre climático. Investindo em pesquisa e desenvolvimento de energia limpa, os governos podem promover a recuperação econômica, que também ajudará a reduzir as emissões. Embora seja verdade que os gastos com pesquisa e desenvolvimento têm seu maior impacto no longo prazo, existe também uma consequência imediata: esse dinheiro gera empregos rapidamente. Em 2018, o investimento do governo americano em todos os setores de pesquisa e desenvolvimento apoiou de forma direta e indireta mais de 1,6 milhão de empregos, produzindo 126 bilhões de dólares em renda para trabalhadores e 39 bilhões em receita fiscal federal e estadual.[4]

Pesquisa e desenvolvimento não é a única área em que o crescimento econômico está ligado à inovação do carbono zero. Os governos também podem ajudar as empresas de energia limpa a crescer, adotando políticas que reduzam os Prêmios Verdes e facilitando a competição dos produtos verdes com as alternativas fósseis. E eles podem se valer dos subsídios de seus pacotes de alívio da covid-19 no processo de expansão do uso de energias renováveis e de construção de redes elétricas integradas.

Em 2020 sofremos um revés imenso e trágico. Mas estou otimista de que conseguiremos controlar a pandemia em 2021. Assim como estou otimista de que faremos progresso real nas mudanças climáticas — porque o mundo nunca esteve tão comprometido com a solução desse problema.

Quando a economia global entrou numa grave recessão em 2008, o apoio público à ação contra as mudanças climáticas despencou. As pessoas não conseguiram enxergar como lidaríamos com as duas crises ao mesmo tempo.

Dessa vez é diferente. Ainda que a pandemia tenha devastado a economia mundial, o apoio às medidas contra as mudanças climáticas continua tão elevado quanto em 2019. Nossas emissões, ao que parece, não são mais algo que estamos dispostos a varrer para baixo do tapete.

A questão agora é a seguinte: o que precisamos fazer para aproveitar o embalo? Para mim, a resposta está clara. Devemos passar a próxima década focados nas tecnologias, políticas e estruturas de mercado que nos ponham no caminho para eliminar os gases de efeito estufa até 2050. É difícil pensar numa resposta melhor para o sofrimento de 2020 do que passar os próximos dez anos nos dedicando a essa meta ambiciosa.

Agradecimentos

Quero agradecer às pessoas da Gates Ventures e da Breakthrough Energy que ajudaram a tornar este livro possível.

Josh Daniel foi um parceiro de redação inestimável. Ele me ajudou a expressar as complexidades das mudanças climáticas e da energia limpa com a maior clareza possível. Se este livro tiver o impacto que eu espero que tenha, ele terá uma grande parcela de mérito nisso.

Escrevi este livro porque quero incentivar o mundo a adotar planos eficazes para lidar com as mudanças climáticas. Para esse esforço, eu não poderia contar com parceiros melhores que Jonah Goldman e sua equipe, incluindo Robin Millican, Mike Boots e Lauren Nevin. Eles me deram conselhos essenciais sobre políticas públicas e estratégias para o clima, assegurando que as ideias neste livro tenham impacto.

Ian Saunders conduziu o processo criativo e de produção com toda a engenhosidade que eu já esperava dele. Anu Horsman e Brent Christofferson produziram os gráficos — com a ajuda profissional da Beyond Words — e escolheram as fotos que ajudam a dar vida ao livro.

Bridgitt Arnold e Andy Cook lideraram o trabalho de divulgação.

E Larry Cohen realizou todo esse trabalho com sua tranquilidade e sabedoria de sempre.

A equipe do Rhodium Group, liderada por Trevor Houser e Kate Larsen, foi extraordinariamente útil. Sua pesquisa e seus conselhos estão refletidos em todo o livro.

Obrigado também a todos do conselho da Breakthrough Energy Ventures: Mukesh Ambani, John Arnold, John Doerr, Rodi Guidero, Abby Johnson, Vinod Khosla, Jack Ma, Hasso Plattner, Carmichael Roberts e Eric Toone.

Jabe Blumenthal e Karen Fries são dois antigos colegas da Microsoft que organizaram minha primeira sessão de aprendizado sobre mudanças climáticas em 2006. Nela, fui apresentado a dois cientistas do clima, Ken Caldeira — na época da Carnegie Institution for Science — e David Keith, do Harvard University Center for the Environment. Desde então, tive incontáveis conversas com Ken e David, que deram forma ao meu pensamento.

Ken e uma equipe de seus colegas de pós-doutorado — Candise Henry, Rebecca Peer e Tyler Ruggles — examinaram o original cuidadosamente para identificar erros factuais. Sou grato a seu trabalho meticuloso. Quaisquer erros remanescentes são de minha responsabilidade.

O falecido David MacKay, da Universidade de Cambridge, me inspirou com sua sagacidade e seus insights. Recomendo seu fenomenal livro, *Sustainable Energy: Without the Hot Air*, a qualquer um que queira ir mais fundo no assunto da energia e das mudanças climáticas.

Vaclav Smil, professor emérito da Universidade de Manitoba, é um dos melhores pensadores que já conheci. Sua influência neste livro se evidencia particularmente nas passagens sobre a história das transições energéticas, e nos erros que me ajudou a evitar.

Fui afortunado o bastante para conhecer — e aprender com — uma série de pessoas brilhantes ao longo dos anos. Minha gratidão ao senador Lamar Alexander, a Josh Bolten, Carol Browner, Steven Chu, Arun Majumdar, Ernest Moniz, senadora Lisa Murkowski, Henry Paulson e John Podesta por serem tão generosos com seu tempo.

Nathan Myhrvold me proporcionou um criterioso feedback sobre um dos rascunhos. Nathan nunca hesita em me dizer o que realmente acha, qualidade muito apreciada por mim, mesmo quando não sigo seu conselho.

Outros amigos e colegas atenciosamente encontraram tempo para ler o manuscrito e oferecer seu feedback, entre eles Warren Buffett, Sheila Gulati, Charlotte Guyman, Geoff Lamb, Brad Smith, Marc St. John, Mark Suzman e Lowell Wood.

Quero agradecer também ao restante da equipe da Breakthrough Energy: Meghan Bader, Julie Barger, Adam Barnes, Farah Benahmed, Ken Caldeira, Saad Chaudhry, Jay Dessy, Gail Easley, Ben Gaddy, Ashley Grosh, Jon Hagg, Conor Hand, Aliya Haq, Victoria Hunt, Anna Hurlimann, Krzysztof Ignaciuk, Kamilah Jenkins, Christie Jones, Casey Leiber, Yifan Li, Dan Livengood, Jennifer Maes, Lidya Makonnen, Maria Martinez, Ann Mettler, Trisha Miller, Kaspar Mueller, Daniel Muldrew, Philipp Offenberg, Daniel Olsen, Merrielle Ondreicka, Julia Reinaud, Ben Rouillé d'Orfeuil, Dhileep Sivam, Jim VandePutte, Demaris Webster, Bainan Xia, Yixing Xu e Allison Zelman.

Também sou grato por todo o suporte que tive da equipe da Gates Ventures. Um obrigado a Katherine Augustin, Laura Ayers, Becky Bartlein, Sharon Bergquist, Lisa Bishop, Aubree Bogdonovich, Niranjan Bose, Hillary Bounds, Bradley Castaneda, Quinn Cornelius, Zephira Davis, Prarthna Desai, Pia Dierking, Gregg

Eskenazi, Sarah Fosmo, Josh Friedman, Joanna Fuller, Meghan Groob, Rodi Guidero, Rob Guth, Diane Henson, Tony Hoelscher, Mina Hogan, Margaret Holsinger, Jeff Huston, Tricia Jester, Lauren Jiloty, Chloe Johnson, Goutham Kandru, Liesel Kiel, Meredith Kimball, Todd Krahenbuhl, Jen Krajicek, Geoff Lamb, Jen Langston, Jordyn Lerum, Jacob Limestall, Abbey Loos, Jennie Lyman, Mike Maguire, Kristina Malzbender, Greg Martinez, Nicole MacDougall, Kim McGee, Emma McHugh, Kerry McNellis, Joe Michaels, Craig Miller, Ray Minchew, Valerie Morones, John Murphy, Dillon Mydland, Kyle Nettelbladt, Paul Nevin, Patrick Owens, Hannah Palko, Mukta Phatak, David Phillips, Tony Pound, Bob Regan, Kate Reizner, Oliver Rothschild, Katie Rupp, Maheen Sahoo, Alicia Salmond, Brian Sanders, KJ Sherman, Kevin Smallwood, Jacqueline Smith, Steve Springmeyer, Rachel Strege, Khiota Therrien, Caroline Tilden, Sean Williams, Sunrise Swanson Williams, Yasmin Wazir, Cailin Wyatt, Mariah Young e Naomi Zukor.

Gostaria de agradecer à equipe da Knopf. O apoio inicial de Bob Gottlieb a este livro ajudou a torná-lo realidade. Tudo o que você ouvir falar sobre seu brilhante trabalho de edição é verdade. Katherine Hourigan zelou por este livro durante todo o processo editorial e de produção com talento e graciosidade. Agradeço também ao falecido Sonny Mehta, a Reagan Arthur, Maya Mavjee, Tony Chirico, Andy Hughes, Paul Bogaards, Chris Gillespie, Lydia Buechler, Mike Collica, John Gall, Suzanne Smith, Serena Lehman, Kate Hughes, Anne Achenbaum, Jessica Purcell, Julianne Clancy e Elizabeth Bernard. Agradeço também a Lizzie Gottlieb por apresentar este projeto a seu pai.

Por fim, quero agradecer a Melinda, Jenn, Rory e Phoebe; a minhas irmãs, Kristi e Libby; e a meu pai, Bill Gates Sr., que faleceu durante o processo de escrita deste livro. Eu não poderia pedir por uma família mais amorosa e compreensiva.

Notas

INTRODUÇÃO: DE 51 BILHÕES PARA ZERO [pp. 9-26]

1. Este gráfico utiliza dados dos Indicadores do Desenvolvimento Mundial, do Banco Mundial, que é licenciado pelo CC BY 4.0 (https://www.creativecommons.org/licenses/by/4.0) e disponível em: <https://data.worldbank.org/>. Renda medida como produto interno bruto (PIB) per capita em 2014, baseada em paridade de poder de compra (PPP), em dólares internacionais atuais. Uso de energia medido em quilogramas de equivalente de petróleo per capita em 2014, baseado em dados da Agência Internacional de Energia (IEA) retirados dos Indicadores do Desenvolvimento Mundial, do Banco Mundial. Todos os direitos reservados; modificado por Gates Ventures LLC.

2. Da esquerda para a direita (títulos referentes à época do evento, em 2015): Wan Gang, ministro da Ciência e Tecnologia (China); Ali Al-Naimi, ministro do Petróleo e dos Recursos Minerais (Arábia Saudita); primeira-ministra Erna Solberg (Noruega); primeiro-ministro Shinzo Abe (Japão); presidente Joko Widodo (Indonésia); primeiro-ministro Justin Trudeau (Canadá); Bill Gates; presidente Barack Obama (Estados Unidos); presidente François Hollande (França); primeiro-ministro Narendra Modi (Índia); presidente Dilma Rousseff (Brasil); presidente Michelle Bachelet (Chile); primeiro-ministro Lars Løkke Rasmussen (Dinamarca); primeiro-ministro Matteo Renzi (Itália); presidente Enrique Peña Nieto (México); primeiro-ministro David Cameron (Reino Uni-

do); sultão Al Jaber, ministro de Estado e enviado especial para Energia e Mudanças Climáticas (Emirados Árabes Unidos).

1. POR QUE ZERO? [pp. 27-47]

1. Coupled Model Intercomparison Project (CMIP5). Principais anomalias na temperatura média global computadas pelo Climate Explorer do Instituto Meteorológico Real da Holanda (KNMI). Mudança de temperatura medida em graus Celsius.

2. Dados para a mudança de temperatura média medidos em graus Celsius, relativos à média de 1951-80, coletados pelo Berkeley Earth (disponível em: <berkeleyearth.org>). Dados para o dióxido de carbono medidos em toneladas, retirados de "Global Carbon Budget 2019", de Le Quéré, Andrew et al., licenciado pelo CC BY 4.0 (<https://www.creativecom mons.org/licenses/by/4.0>) e disponível em <https://essd.copernicus.org/articles/11 /1783/2019/>.

3. Solomon M. Hsiang e Amir S. Jina, "Geography, Depreciation, and Growth". *American Economic Review*, maio 2015.

4. Donald Wuebbles, David Fahey e Kathleen Hibbard, *National Climate Assessment 4: Climate Change Impacts in the United States*. U.S. Global Change Research Program, 2017.

5. R. Warren et al., "The Projected Effect on Insects, Vertebrates, and Plants of Limiting Global Warming to 1.5°C Rather than 2°C". *Science*, 18 maio 2018.

6. World of Corn, site mantido pela National Corn Growers Association. Disponível em: <worldofcorn.com>.

7. Iowa Corn Promotion Board. Disponível em: <www.iowacorn.org>.

8. Colin P. Kelley et al., "Climate Change in the Fertile Crescent and Implications of the Recent Syrian Drought". *PNAS*, 17 mar. 2015.

9. Anouch Missirian e Wolfram Schlenker, "Asylum Applications Respond to Temperature Fluctuations". *Science*, 22 dez. 2017.

2. NÃO SERÁ FÁCIL [pp. 48-64]

1. U.S. Energy Information Administration. Disponível em: <www.eia.gov>.

2. Gases de efeito estufa medidos em toneladas de equivalentes de dióxido de carbono (CO_2e), retirado de Rhodium Group. Este gráfico também usa dados relativos a população coletados de United Nations Population Division, Prospects 2019, licenciado pelo CC BY 3.0 IGO (<https://creativecommons.org/

licenses/by/3.0/igo/>) e disponível em <https://population.un.org/wpp/Download/Standard/Population/>).

3. Vaclav Smil, *Energy Myths and Realities*. Washington: AEI, 2010, pp. 136-7.

4. Ibid, p. 138.

5. Ibid.

6. Energias renováveis modernas incluem a eólica, a solar e os biocombustíveis modernos.

7. Xiaochun Zhang, Nathan P. Myhrvold e Ken Caldeira, "Key Factors for Assessing Climate Benefits of Natural Gas Versus Coal Electricity Generation". *Environmental Research Letters*, 26 nov. 2014. Disponível em: <iopscience.iop.org>.

8. Análise do Rhodium Group.

3. CINCO PERGUNTAS A FAZER EM QUALQUER CONVERSA SOBRE O CLIMA [pp. 65-80]

1. Os números mostram o consumo médio de energia. O pico da demanda será mais elevado; por exemplo, em 2019, o pico da demanda nos Estados Unidos foi de 704 gigawatts. Ver site da U. S. Energy Administration (<www.eia.gov>) para mais informações.

2. Rhodium Group. *Taking Stock 2020: The COVID-19 Edition*. Disponível em: <https://rhg.com>.

4. COMO LIGAMOS AS COISAS NA TOMADA [pp. 81-117]

1. Dados de 2020 da IEA, em *SDG7: Data and Projections*. Disponível em: <www.iea.org/statistics>. Todos os direitos reservados; modificado por Gates Ventures LLC.

2. Nathan P. Myhrvold e Ken Caldeira, "Greenhouse Gases, Climate Change, and the Transition from Coal to Low-Carbon Electricity". *Environmental Research Letters*, 16 fev. 2012. Disponível em: <iopscience.iop.org>.

3. O setor de energias renováveis inclui a eólica, a solar, a geotérmica e os biocombustíveis modernos. Fonte: BP Statistical Review of World Energy, 2019. Disponível em: <https://www.bp.com>.

4. Vaclav Smil, *Energy and Civilization*. Cambridge (MA) MIT Press, 2017, p. 406.

5. U. S. Department of Energy Office of Scientific and Technical Information. "Analysis of Federal Incentives Used to Stimulate Energy Production: An

Executive Summary", fev. 1980. Disponível em: <www.osti.gov>. O cálculo ajusta os subsídios para o carvão e o gás natural para dólares de 2019.

6. Wataru Matsumura e Zakia Adam, "Fossil Fuel Consumption Subsidies Bounced Back Strongly in 2018". IEA, 13 jun. 2019.

7. Dados extraídos de Eurelectric, "Decarbonisation Pathways", maio 2018. Disponível em: <cdn.eurelectric.org>.

8. Fraunhofer ISE. Disponível em: <www.energy-charts.de>.

9. Zeke Turner, "In Central Europe, Germany's Renewable Revolution Causes Friction". *Wall Street Journal*, 16 fev. 2017.

10. Peso dos materiais medido em toneladas por terawatt-hora de eletricidade gerada. "Solar fotovoltaica" refere-se a painéis fotovoltaicos, que convertem luz solar em eletricidade. Fonte: U. S. Department of Energy, *Quadrennial Technology Review, An Assessment of Energy Technologies and Research Opportunities* (2015). Disponível em <https://www.energy.gov>.

11. Os dados utilizados no gráfico foram retirados de "Deaths per TWh", de A. Markandya e P. Wilkinson (2007) e Sovacool et al. (2016); licenciado pelo CC BY 4.0 (https://www.creativecommons.org/licenses/by/4.0/) e disponível em: <https://ourworldindata.org/grapher/death-rates-from-energy-production-per-twh>.

12. U. S. Department of Energy, "Computing America's Offshore Wind Energy Potential", 9 set. 2016. Disponível em: <www.energy.gov>.

13. David J. C. MacKay, *Sustainable Energy: Without the Hot Air*. Cambridge: UIT Cambridge, 2009, pp. 98, 109.

14. Consensus Study Report, "Negative Emissions Technologies and Reliable Sequestration: A Research Agenda". National Academies of Science, Engineering, and Medicine, 2019.

5. COMO FABRICAMOS AS COISAS [pp. 118-33]

1. Washington State Department of Transportation. Disponível em: <www.wsdot.wa.gov>.

2. "Statue Statistics", Nova York: Statue of Liberty National Monument; National Park Service. Disponível em: <www.nps.gov>.

3. Vaclav Smil, *Making the Modern World*. Chichester: Wiley, 2014, p. 36.

4. Medido em toneladas de produção de cimento. Fonte: U. S. Department of Interior, U. S Geological Survey, T. D. Kelly e G. R. Matos, G. R. (Comps.), "Historical Statistics for Mineral and Material Commodities in the United States" (versão de 2016), U. S. Geological Survey Data Series 140, acesso em: 6 dez.

2019. USGS Minerals Yearbooks — China (2002, 2007, 2011, 2016). Disponível em: <https://www.usgs.gov>.

5. American Chemistry Council, "Plastics and Polymer Composites in Light Vehicles", ago. 2019. Disponível em: <www.automotiveplastics.com>.

6. U. S. Department of the Interior, U. S. Geological Survey, "Mineral Commodity Summaries 2019".

7. Freedonia Group, "Global Cement: Demand and Sales Forecasts, Market Share, Market Size, Market Leaders", maio 2019. Disponível em: <www.freedoniagroup.com>.

8. Apenas emissões diretas; exclui emissões relacionadas à geração de eletricidade. Fonte: Rhodium Group.

6. COMO CULTIVAMOS AS COISAS [pp. 134-54]

1. Análise interna do Rhodium Group.

2. Paul Ehrlich, *The Population Bomb*. Nova York: Ballantine Books, 1968.

3. Banco Mundial. Disponível em: <data.worldbank.org>.

4. Derek Thompson, "Cheap Eats: How America Spends Money on Food". *The Atlantic*, 8 mar. 2013. Disponível em: <www.theatlantic.com>.

5. Consumo medido em toneladas de carne, incluindo bovina, ovina, suína, aves e vitela. Fonte: OECD-FAO Agricultural Outlook. Disponível em: <https://stats.oecd.org>.

6. Organização das Nações Unidas para Agricultura e Alimentação. Disponível em: <www.fao.org>.

7. Unesco, "Gastronomic Meal of the French". Disponível em: <ich.unesco.org>.

8. Pesquisa on-line de setembro de 2020 sobre preços de varejo dos Estados Unidos conduzida pelo Rhodium Group.

9. Medido em toneladas de milho por hectare. Fonte: Organização das Nações Unidas para Agricultura e Alimentação. FAOSTAT, OECD-FAO Agricultural Outlook 2020-2029. Última atualização: 30 nov. 2020. Disponível em: https://stats.oecd.org/Index.aspx?datasetcode=HIGH_AGLINK_2020#>.

10. Indicadores do Desenvolvimento Mundial, do Banco Mundial. Disponível em: <databank.worldbank.org>.

11. Janet Ranganathan et al., "Shifting Diets for a Sustainable Food Future". World Resources Institute. Disponível em: <www.wri.org>.

12. World Resources Institute, “Forests and Landscapes in Indonesia”. Disponível em: <www.wri.org>.

7. COMO TRANSPORTAMOS AS COISAS [pp. 155-76]

1. Disponível em: <https://www.oecd-ilibrary.org>.

2. Histórico de emissões providenciado pelo Rhodium Group. Projeção de emissões baseadas nos dados da IEA, retirados de World Energy Outlook, 2020. Disponível em: <www.iea.org/statistics>. Todos os direitos reservados; modificado por Gates Ventures LLC.

3. Os carros não são os únicos culpados. A tabela usa dados de “Beyond Road Vehicles: Survey of Zero-emission Technology Options across the Transport Sector”, de D. Hall, N. Pavlenjo e N. Lutsey, licenciado pelo CC BY-SA 3.0 (<https://www.creativecommons.org/licenses/by-sa/3.0/>) e disponível em: <https://theicct.org/sites/default/files/publications/Beyond_Road_ZEV_Working_Paper_20180718.pdf>.

4. International Organization of Motor Vehicle Manufacturers (OICA). Disponível em: <www.oica.net>.

5. Isso pressupõe por volta de 69 milhões de carros a mais por ano segundo a OICA, e cerca de 45 milhões tirados de circulação, considerando uma vida útil de treze anos por veículo.

6. As especificações do Chevrolet Malibu LT e do Bolt EV são para o modelo 2020. Disponível em: <www.chevrolet.com>. Ilustrações de ©izmocars. Todos os direitos reservados.

7. Preço por quilômetro presume que o comprador paga um preço de compra médio pelo carro, fica com ele por sete anos e roda em média 19 mil quilômetros por ano. Fonte: Rhodium Group.

8. Rhodium Group, Evolved Energy Research, IRENA e Agora Energiewende. O preço no varejo é a média nos Estados Unidos de 2015 a 2018. A opção de carbono zero é o preço estimado atual.

9. Ibid.

10. U. S. Energy Information Administration. Disponível em: <www.eia.gov>.

11. Michael J. Coren, “Buses with Batteries”. *Quartz*, 2 jan. 2018. Disponível em: <www.qz.com>.

12. Shashank Sripad e Venkatasubramanian Viswanathan, “Performance Metrics Required of Next-Generation Batteries to Make a Practical Electric Semi Truck”. *ACS Energy Letters*, 27 jun. 2017. Disponível em: <pubs.acs.org>.

13. Rhodium Group, Evolved Energy Research, IRENA e Agora Energiewende. O preço no varejo é a média nos Estados Unidos de 2015 a 2018. A opção de carbono zero é o preço estimado atual.

14. Boeing. Disponível em: <www.boeing.com>.

15. Rhodium Group, Evolved Energy Research, IRENA e Agora Energiewende. O preço no varejo é a média nos Estados Unidos de 2015 a 2018. A opção de carbono zero é o preço estimado atual.

16. Kyree Leary, "China Has Launched the World's First All-Electric Cargo Ship". Futurism, 5 dez. 2017. Disponível em: <futurism.com>; "MSC Receives World's Largest Container Ship MSC Gulsun from SHI". *Ship Technology*, 9 jul. 2019. Disponível em: <www.ship-technology.com>.

17. Rhodium Group, Evolved Energy Research, IRENA e Agora Energiewende. O preço no varejo é a média nos Estados Unidos de 2015 a 2018. A opção de carbono zero é o preço estimado atual.

18. Ibid.

19. S&P Global Market Intelligence. Disponível em: <https://www.spglobal.com/marketintelligence/en/>.

8. COMO ESFRIAMOS E AQUECEMOS AS COISAS [pp. 177-90]

1. A. A'zami, "Badgir in Traditional Iranian Architecture". Conferência sobre o Resfriamento Passivo e de Baixa Energia para o Ambiente Construído, Santorini, Grécia, maio 2005.

2. U. S. Department of Energy, "History of Air Conditioning". Disponível em: <www.energy.gov>. Ver também "The Invention of Air Conditioning", *Panama City Living*, 13 mar. 2014. Disponível em: <www.panamacityliving.com>.

3. IEA, "The Future of Cooling". Disponível em: <www.iea.org>.

4. Id.

5. Baseado nos dados da IEA em "The Future of Cooling". Disponível em: <www.iea.org/statistics>. Todos os direitos reservados; modificado por Gates Ventures LLC.

6. Ibid.

7. U. S. Environmental Protection Agency. Disponível em: <www.epa.gov>.

8. Rhodium Group. A tabela mostra o valor líquido atual de uma bomba de calor aerotérmica em relação a um aquecedor a gás natural e um ar-condicionado elétrico em uma casa nova. Os custos são calculados usando uma taxa de desconto de 7%, preços da eletricidade e do gás natural atuais no verão de 2019 e uma vida útil de quinze anos para a bomba de calor.

9. U. S. Energy Information Administration. Disponível em: <www.eia.gov>.

10. Rhodium Group, Evolved Energy Research, IRENA e Agora Energiewende. O preço no varejo é a média nos Estados Unidos de 2015 a 2018. A opção de carbono zero é o preço estimado atual.

11. Ibid.

12. Bullitt Center. Disponível em: <www.bullittcenter.org>.

9. A ADAPTAÇÃO A UM MUNDO MAIS QUENTE [pp. 191-211]

1. Max Roser, Our World in Data. Disponível em: <ourworldindata.org>.

2. Banco Mundial. Disponível em: <www.data.worldbank.org>.

3. GAVI. Disponível em: <www.gavi.org>.

4. Global Commission on Adaptation, *Adapt Now: A Global Call for Leadership on Climate Resilience*. World Resources Institute, set. 2019. Disponível em: <gca.org>.

5. Organização das Nações Unidas para Agricultura e Alimentação, *State of Food and Agriculture: Women in Agriculture, 2010-2011*. Disponível em: <www.fao.org>.

6. Banco Mundial, "Decline of Global Extreme Poverty Continues but Has Slowed". Disponível em: <www.worldbank.org>.

10. A IMPORTÂNCIA DAS POLÍTICAS PÚBLICAS [pp. 212-30]

1. U. S. Energy Information Administration. Disponível em: <www.eia.gov>.

2. IEA.

3. U. S. Energy Department, "Renewable Energy and Efficient Energy Loan Guarantees". Disponível em: <www.energy.gov>.

11. UM PLANO PARA CHEGAR A ZERO [pp. 231-57]

1. Human Genome Project Information Archive, "Potential Benefits of HGP Research". Disponível em: <web.ornl.gov>.

2. Simon Tripp e Martin Grueber, "Economic Impact of the Human Genome Project". Battelle Memorial Institute. Disponível em: <www.battelle.org>.

12. O QUE CADA UM PODE FAZER [pp. 258-68]

1. Hans Rosling, *Factfulness: Ten Reasons We're Wrong About the World — And Why Things Are Better than You Think*. Com a colaboração de Ola Rosling e Anna Rosling Rönnlund. Nova York: Flatiron, 2018, p. 255.

POSFÁCIO: A MUDANÇA CLIMÁTICA E A COVID-19 [pp. 269-73]

1. U. S. Centers for Disease Control, "Race, Ethnicity, and Age Trends in Persons Who Died from covid-19 — United States, May-August 2020". Disponível em: <https://www.cdc.gov>.

2. Centers for Medicare and Medicaid Services, "Preliminary Medicare covid-19 Data Snapshot". Disponível em: <https://www .cms.gov>.

3. "Goalkeepers Report 2020". Disponível em: <https://www.gatesfoundation.org>.

4. Breakthrough Energy, "Impacts of Federal R&D Investment on the U. S. Economy". Disponível em: <https://www .breakthroughenergy.org>.

Créditos das imagens

p. 12: James Iroha
p. 20: Ian Langsdon/AFP (Getty Images)
p. 37: AFP (Getty Images)
p. 49: dem10/E+ (Getty Images) e lessydoang/RooM (Getty Images)
p. 53: Paul Seibert
p. 55: ©Bill & Melinda Gates Foundation/Prashant Panjiar
p. 82: cortesia da família Gates
p. 87: Universal Images Group (Getty Images)
p. 119: WSDOT
p. 122: Reuters/Carlos Barria
p. 146: Gates Notes LLC
p. 168: Bloomberg (Getty Images)
p. 189: Nic Lehoux
p. 193: ©Bill & Melinda Gates Foundation/Frederic Courbet
p. 200: coleção de fotos do International Rice Research Institute (IRRI), Los Banos, Laguna, Filipinas.
p. 206: Mazur Travel (Shutterstock)
p. 213: Mirrorpix (Getty Images)
p. 230: Sirio Magnabosco/EyeEm (Getty Images)

Índice remissivo

Números de páginas em *itálico* remetem a imagens e tabelas.

ESTA OBRA FOI COMPOSTA PELA SPRESS EM MINION E IMPRESSA EM OFSETE
PELA GEOGRÁFICA SOBRE PAPEL PÓLEN SOFT DA SUZANO S.A.
PARA EDITORA SCHWARCZ EM FEVEREIRO DE 2021

A marca FSC® é a garantia de que a madeira utilizada na fabricação do papel deste livro provém de florestas que foram gerenciadas de maneira ambientalmente correta, socialmente justa e economicamente viável, além de outras fontes de origem controlada.